PLANTES

DE

SERRE CHAUDE ET TEMPÉRÉE

Boulogne (Seine). Imp. Jules Boyer.

BIBLIOTHÈQUE DU JARDINIER

PLANTES

DE

SERRE CHAUDE ET TEMPÉRÉE

CONSTRUCTION DES SERRES, CULTURE, MULTIPLICATION, ETC.

PAR

G. DELCHEVALERIE

ANCIEN CHEF MULTIPLICATEUR

A L'ÉTABLISSEMENT HORTICOLE DE LA VILLE DE PARIS

9 GRAVURES

PARIS

LIBRAIRIE AGRICOLE DE LA MAISON RUSTIQUE

26, RUE JACOB, 26

PLANTES

DE

SERRE CHAUDE ET TEMPÉRÉE

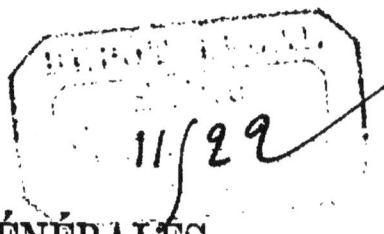

CONSIDÉRATIONS GÉNÉRALES

Pendant longtemps nos ancêtres, pour orner leurs jardins, n'ont employé que les fleurs libéralement accordées par la nature au climat de leur pays, parce qu'elles étaient indigènes et qu'elles n'exigeaient aucun soin particulier ; les horticulteurs alors n'avaient pas à se préoccuper des plantes exotiques que nous cultivons aujourd'hui ; conséquemment, ils ne faisaient point usage de serres comme on le fait depuis la découverte du Nouveau-Monde. A partir de cette époque, et dans ces dernières années surtout, l'importation fut si considérable en Europe, qu'aujourd'hui presque tous les genres de plantes de la flore exotique se trouvent représentés dans les cultures.

Le progrès si rapide de l'horticulture est dû à son influence bienfaisante sur l'ordre moral de la société intellectuelle, aux nombreuses associations ayant pour but de développer ses sciences théoriques et pratiques, au nombre toujours croissant d'amateurs et d'horticulteurs, aux progrès de l'industrie, aux relations commerciales qui se sont établies avec les pays originaires de ces végétaux, et surtout à la facilité et à la célérité des communications que les grandes nations d'Europe établirent avec les pays lointains, qui, en rapprochant considérablement les distances, rendaient en même temps les importations faciles et conséquemment beaucoup plus nombreuses, ainsi que les explorations botaniques sous les tropiques beaucoup plus praticables qu'elles ne l'étaient autrefois. Aujourd'hui, grâce aux hommes éminents qui donnèrent l'éveil, presque tous les grands établissements d'horticulture envoient des collecteurs dans les diverses parties du monde, à la découverte des plantes nouvelles ; plusieurs d'entre eux, pour se procurer des plantes rares, disposent même de petites serres portatives hermétiquement fermées, dans lesquelles on place les plantes délicates qui doivent faire de longs voyages, afin de pouvoir leur procurer la lumière nécessaire à leur bonne conservation.

Pour beaucoup de végétaux comme les *Palmiers, Pandanées,* etc., qui se multiplient avantageusement par le semis, il suffit d'en faire venir des graines qui lèvent parfaitement dans nos serres lorsqu'elles sont semées sous l'influence d'une forte chaleur souterraine. D'autres, comme les *Cycadées,* les *Fougères arborescentes,* etc., doivent être envoyés lorsqu'ils sont déjà d'une certaine force, si on veut en avoir de suite la jouissance. A cet effet, on profite de la saison favorable pour en envoyer des troncs de dimensions diverses,

auxquels on enlève toutes les frondes, afin de pouvoir les coucher dans de grandes caisses dont on emplit le vide avec de
la sciure de bois ou toute autre matière légère, plutôt un peu
sèche que trop humide. Les *Gesnériacées*, les *Aroïdées*, etc.,
s'envoient également pendant leur période de repos ; alors on
n'a qu'à emballer les rhizômes ou les tubercules dans une
matière bien sèche et non susceptible de s'échauffer, pour les
envoyer en Europe. Enfin, les plantes, comme les *Bromélia-*
cées et surtout les *Orchidées*, s'envoient dans des caisses en
bois hermétiquement fermées et emballées avec des copeaux
de menuiserie, etc. ; elles se dessèchent ordinairement un
peu pendant le voyage, mais il vaut toujours mieux les recevoir dans ces conditions, que de les voir arriver atteintes par
l'humidité. Étant placées ensuite dans les parties de la serre
qui leur sont favorables, elles reprennent vigueur en donnant
naissance à de nouvelles racines et à de nouveaux bourgeons.
Si l'importation des plantes tropicales a tant progressé dans ces
dernières années, c'est en raison de la faveur dont elles furent
accueillies des amateurs ; il n'est pas, de nos jours, de propriétaire aisé possédant une maison de campagne qui puisse
s'en passer ; il lui faut au moins une serre froide et des
bâches pour y hiverner les plantes exotiques qu'il cultive pour
garnir les plates-bandes et les corbeilles de son jardin pendant
la belle saison ; une serre chaude ou une serre tempérée
pour y cultiver les plantes, telles que *Begonia*, *Gesneria*,
Dracœna, *Ficus elastica*, et tant d'autres plantes tropicales,
dont un grand nombre sont très-employées aujourd'hui aux
garnitures d'appartements.

La culture des plantes de serre chaude et tempérée diffère
essentiellement de celles cultivées en plein air. Ces dernières
sont tout simplement plantées en pleine terre, à l'air libre,

dans les conditions les plus favorables à leur propre nature, en leur donnant les soins qui leur sont propres pour atteindre le but qu'on s'est proposé ; tandis que pour les premières on est obligé de leur construire des serres, pour leur procurer un degré de chaleur et d'humidité en rapport avec celui du pays où elles croissent spontanément.

Les serres chaudes et tempérées sont spécialement affectées à la culture des plantes tropicales ou qui proviennent de pays chauds ; elles nous procurent la jouissance des fleurs les plus ravissantes que nous fournisse le règne végétal : les *Broméliacées*, les *Gesnériacées* et surtout les *Orchidées*, que nous nous proposons de traiter dans un volume spécial, nous en donnent une preuve convainquante, tant par la grandeur et la perfection des formes de leurs jolies fleurs que par la beauté et la richesse de leur coloris. De même on y trouve une foule de plantes à feuillage coloré, dont le haut mérite ornemental est incontestable ; telles sont les *Begonia, Gymnostachium, Cyanophyllum*, et bien d'autres dont nous donnerons l'énumération à la suite de ce travail. Dans les serres chaudes et tempérées on cultive encore les plantes comme les *Ficus elastica, Latania Borbonica, Dracœna*, etc., si recherchées pour les garnitures d'appartements, que nous nous proposons également de traiter dans un volume spécial. Le *Bananier*, l'*Ananas*, le *Monstera deliciosa*, et tant d'autres plantes provenant des régions tropicales, y mûrissent aussi parfaitement leurs fruits, et nous offrent ainsi l'avantage d'avoir sur nos tables les fruits exotiques les plus succulents, qui, pour nous être envoyés des pays où ils sont cultivés à l'air libre, doivent être récoltés longtemps avant l'époque de leur maturité, ce qui en diminue notablement la qualité lorsqu'ils sont arrivés en Europe.

Un autre avantage encore que nous procurent les serres chaudes sur les serres froides, c'est qu'elles sont garnies pendant toute l'année, tandis que les serres froides ne sont vraiment belles que pendant l'hiver; aussi, pour cette raison, commence-t-on à les voir annexées aux appartements et servir de salons de fleurs dans bien des maisons de nos grandes villes. Aujourd'hui, l'homme de progrès, l'amateur sérieux, veut s'entourer de l'art et des merveilles végétales. C'est surtout pendant la saison des neiges et des frimas que les serres-salons offrent de l'intérêt; alors la végétation étant complètement interrompue au dehors, il est fort agréable, dans des réunions de famille et d'amis, de pouvoir circuler librement dans une salle de verdure, et d'y respirer le parfum des fleurs les plus suaves que nous procure la flore tropicale pendant l'année entière. Il n'est pas non plus, de nos jours, de bals ni de soirées particulières, où l'on n'improvise des perspectives dans lesquelles se dessinent des groupes de fleurs, des massifs, des cascades artificielles, des fontaines jaillissantes, etc., garnies de plantes tropicales formant des contrastes charmants dans les appartements. C'est ainsi qu'à la suite de tant d'introductions nouvelles d'un si haut mérite, on a compris tout l'effet ornemental qu'on pouvait tirer des plantes de serre chaude et tempérée. Les vrais amateurs d'aujourd'hui reconnaissent qu'une belle *Orchidée* en fleurs vaut bien un tableau; qu'avec une industrie horticole perfectionnée comme elle l'est de nos jours, on peut arriver à se procurer des serres de luxe à des prix bien inférieurs à ceux que coûtent les constructions ordinaires, et que les jouissances qu'elles procurent étant mises en communication avec les appartements, sont des plus attrayantes pendant l'hiver surtout; qu'un salon de fleurs devient indispensable au siècle où nous vivons, et que l'horticulture marchande peut offrir aux amateurs, à des prix modérés, un choix considérable de plantes tropicales ornementales par leur beau feuillage ou par une belle et abondante floraison. Enfin, les serres chaudes et tempérées nous offrent encore l'avantage de pouvoir servir à la multipli-cation par le semis, le bouturage, la greffe herbacée, etc., de la plupart des plantes exotiques cultivées dans nos serres chaudes, tempérées, froides, et souvent même en plein air.

Le petit traité que nous offrons aujourd'hui est spéciale-ment destiné aux élèves et aux amateurs qui débutent dans le vaste domaine de l'horticulture, afin de les initier dans l'art de cultiver les plantes tropicales. Nous ne traiterons, dans le cadre restreint de ce travail, que les plantes de serre chaude et tempérée qu'il convient de cultiver dans les serres d'ama-teurs; nous donnerons un aperçu superficiel de la construc-tion des serres, puis nous exposerons sommairement les prin-cipes qu'il convient d'appliquer à la culture; ensuite nous passerons à la multiplication et à l'élevage des plantes, et nous passerons en revue les plus remarquables parmi les nom-breuses introductions anciennes ou récentes, sans nous occu-per d'une foule d'espèces qui ne présentent d'intérêt que pour les botanistes.

CHAPITRE PREMIER

Construction des serres

---

1. — Les serres ne sont autre chose que des bâtiments vitrés dans lesquels on cultive les végétaux qui ne peuvent vivre à l'air libre sous un climat donné. On cherche à y placer les plantes à peu près dans les mêmes conditions qu'elles se trouvaient à l'état spontané dans leur pays natal; or, comme à l'état sauvage elles reçoivent le grand jour plus ou moins ombragé, et que la lumière est l'un des agents qui exercent le plus d'influence sur la végétation, il est absolument

nécessaire, lorsqu'on fait construire une serre, de la disposer de façon à ce qu'elle reçoive la plus grande quantité de lumière possible ; c'est pourquoi on doit, autant qu'on le peut, réduire la maçonnerie, et remplacer celle-ci par des vitraux; les plantes recevront alors la lumière de toutes parts, et les serres n'en seront que plus élégantes.

2. — Le choix de l'emplacement d'une serre est l'un des points essentiels. On doit bien se rendre compte de ses avantages et de ses inconvénients. Autant que possible, on adoptera un emplacement aéré, dépourvu d'humidité souterraine, éloigné des fabriques ou autres industries susceptibles de corrompre l'atmosphère du voisinage.

3. — L'exposition d'une serre doit être calculée d'après la nature des plantes qu'on se propose d'y cultiver; les serres chaudes, en général, doivent être exposées au midi, de façon à recevoir la plus grande quantité possible de chaleur solaire. Nous traiterons cette question dans les divers modes de serre que nous exposerons.

4. — Pour la maçonnerie des serres, on peut employer les matériaux qu'on aura à sa disposition; les pierres meulières, les moellons, les briques, etc., peuvent être utilisés à la construction des murs de fondation, dont l'épaisseur sera proportionnée à la force et à la hauteur de la serre qu'on devra établir; ainsi, pour une petite serre à deux pentes, un petit mur en briques suffit, tandis que pour celles de grandes dimensions, on est obligé d'établir un mur en pierres de taille pour avoir une force beaucoup plus considérable. Les murs de fondation des serres étant presque constamment dans l'hu-

midité, on doit bien se garder d'employer le plâtre pour les construire ; on remplace celui-ci par le mortier de chaux ou le ciment, substances qui peuvent résister à l'humidité du sol. Dans les pays où l'on trouve la pierre meulière, il est préférable de l'employer à toute autre, par la raison qu'elle est très-poreuse et qu'elle prend beaucoup mieux le mortier que les moellons, et les murs en sont conséquemment plus solides.

5. — La charpente d'une serre se construit en bois ou en fer. S'il ne s'agissait que d'établir des petites serres pour l'élevage des plantes, nous conseillons de les faire en bois ; elles n'ont pas l'inconvénient des serres en fer, c'est-à-dire de se refroidir aussi rapidement lorsque l'air extérieur s'abaisse ; dans ce cas, les vapeurs d'eau dont l'atmosphère est ordinairement très-chargée dans les serres chaudes viennent se condenser sur le fer, qui se trouve à une température beaucoup au-dessous d'elle ; des gouttes d'eau qui se sont condensées sur le métal refroidi viennent tomber sur les plantes et en déterminent bientôt la pourriture. On peut remédier à cet inconvénient en donnant aux serres des formes particulières, et assez de pente pour que l'écoulement puisse avoir lieu vers le bas, ou sortir en dehors par le recouvrement des carreaux, car la surface plus ou moins raboteuse du fer, et la rouille qui se produit assez souvent dans les serres chaudes, sont peu favorables à l'écoulement de l'eau provenant de la vapeur condensée. Lorsqu'on fait construire une serre, on doit éviter d'avoir des pannes à l'intérieur ; ce sont surtout ces pannes transversales qui laissent échapper la plus grande quantité de gouttes d'eau froide. Dans toutes les serres chaudes où il en existe beaucoup, il est impossible de conserver aucune plante à l'endroit où elles tombent ; si on y place des

1.

plantes en fleur, elles seront bientôt endommagées et noircies par les chutes successives des gouttes d'eau froide; si ce sont des plantes à feuillage, elles seront bientôt endommagées; si, au contraire, on y place des plantes nouvellement empotées, les gouttes d'eau qui tombent successivement finissent par faire des trous dans la terre à la surface des pots et mettent bientôt les racines à nu. Rien n'est plus nuisible aux plantes de serre chaude que ces gouttes d'eau, qui tombent ordinairement en très-grand nombre dans les serres en fer; c'est pourquoi, lorsqu'on fait construire, on doit toujours s'arranger de manière à ce que toutes les pannes transversales de la toiture soient à l'extérieur au lieu d'être à l'intérieur, et de faire passer le verre en dessous, au lieu d'être en dessus, comme on l'a fait jusqu'à ce jour. Dans une serre construite de cette façon, on n'aura pas l'inconvénient de voir tomber les gouttes d'eau; toutes celles qui se formeront sur les autres parties du fer qui auront assez de pente glisseront insensiblement vers le bas, et viendront se perdre dans les fondations. Dans les serres où il existe des pannes transversales à l'intérieur, le seul moyen d'empêcher la buée de tomber sur les plantes est d'accrocher en dessous des petites gouttières en zinc légèrement inclinées, correspondant à un petit tuyau en plomb, pour conduire les eaux à l'extérieur. Les serres qui sont construites en bois n'offrent pas autant ce grave inconvénient : la nature de celui-ci étant moins froide, est conséquemment beaucoup moins susceptible de condenser l'humidité atmosphérique de la serre; ensuite, les gouttes d'eau qui s'y amoncellent glissent plus facilement le long de la surface unie, pourvu que la pente y soit suffisante. Mais, d'un autre côté, les serres en bois ne reçoivent pas autant de lumière que celles en fer, par la raison qu'on doit donner à la charpente une forme beaucoup plus lourde et plus volumineuse; les serres en bois présentent encore l'inconvénient d'être moins solides, d'être de beaucoup moins longue durée, et d'exiger des soins d'entretien et de peinture plus fréquents que celles en fer.

De ce qui précède, il résulte que les avantages et les inconvénients sont balancés des deux côtés; que pour les petites serres, on peut employer le bois préférablement au fer, surtout si on laisse de côté la question de luxe. Le chêne est le meilleur de tous les bois qu'on puisse employer; il l'emporte sur tous les autres par sa durée et sa solidité; c'est aussi celui que les horticulteurs qui cultivent spécialement les plantes pour les marchés emploient le plus généralement pour construire leurs serres. On emploie aussi quelquefois le sapin, mais il ne paraît pas qu'il remplacera de si tôt le chêne. Si, au contraire, on voulait faire construire des serres pour y cultiver les plantes et servir en même temps d'ornement dans les jardins, il serait alors préférable d'adopter le fer, avec lequel on fait des serres plus légères et plus ornementales. Pour la construction des serres monumentales, c'est la seule matière qu'on puisse admettre.

6. — Les formes des serres varient à l'infini; on les fait droites ou courbes. Les formes droites sont préférables, lorsqu'il s'agit de petites serres pour y élever et cultiver les plantes dans leur jeune âge; elles ont l'avantage sur les serres courbes d'être plus faciles à couvrir et à ombrer, et de pouvoir y remplacer plus facilement les vitres brisées que sur les serres dont la toiture est bombée. D'un autre côté, les surfaces planes des serres paraissent absorber la chaleur solaire moins rapidement que les surfaces bombées, mais la retiennent plus long-

temps, tandis que les surfaces bombées l'absorbent plus rapidement et la laissent se dégager de même. La raison en est
que les serres bombées sont ordinairement plus grandes,
qu'elles reçoivent une plus grande somme de lumière que les
autres, et qu'ensuite elles sont presque toujours construites
en fer, dont la propriété conductrice du froid et de la chaleur
est beaucoup plus rapide que dans les serres construites en
bois. Les serres courbes se construisent surtout dans les jardins d'agrément et dans le voisinage des habitations; elles
sont toujours construites en fer, afin de pouvoir leur donner
la forme et les ornements désirables.

Un des points qu'il ne faut pas perdre de vue dans la construction des serres, c'est de leur donner l'inclinaison suffisante, c'est-à-dire la pente nécessaire aux vitraux pour que
l'écoulement de la buée puisse se faire d'une manière parfaite. L'instrument appelé quart de cercle, employé dans la
géométrie, donne toutes les règles pour obtenir ce résultat.
Plus la vitrerie d'une serre présente sa surface aux rayons
du soleil, plus la chaleur solaire a de facilité pour se concentrer à l'intérieur; d'un autre côté, l'inclinaison est nécessaire
pour favoriser l'écoulement des gouttes d'eau qui viennent se
condenser sur le fer ou le bois refroidi, tombent ensuite sur les
plantes, si la toiture n'offre pas l'inclinaison suffisante pour
permettre aux gouttes d'eau de suivre les surfaces planes de
la charpente et venir se perdre dans le bas de la serre.

Lorsque les serres sont susceptibles d'être changées de
place, on les construit par panneaux vitrés d'environ 1m 30
de largeur sur une longueur indéterminée. Pour les serres
en bois, les petites barres qui portent les carreaux doivent
être construites en fer, ou, si elles le sont en bois, elles devront avoir au moins 3 centimètres de largeur sur 4 d'épais-

seur. Lorsque la portée est de plus d'un mètre, on pose une petite traverse en fer vers le milieu et à l'extérieur du panneau, de façon qu'elle réunisse tous les petits bois pour les consolider ensemble. Ces panneaux s'adaptent ensuite sur la charpente de la serre et s'y maintiennent à l'aide de petits crochets, de manière à pouvoir les démonter facilement au besoin. Pour les serres chaudes, auxquelles on ne donne de l'air que dans le but de renouveler l'atmosphère, s'il arrivait qu'il y fût corrompu, ou pour diminuer la chaleur, si elle avait une tendance à dépasser le milieu convenable, quelques vasistas ouverts à la partie supérieure, ou sous les tablettes, suffisent pour abaisser la chaleur intérieure ; si on voulait changer complètement l'air de la serre, on n'aurait qu'à ouvrir en même temps les ventilateurs de dessous les tablettes et les vasistas de la partie supérieure, et quelques instants suffiront pour renouveler totalement l'air atmosphérique de l'intérieur. Les ventilateurs de dessous les tablettes des serres doivent se trouver en face les tuyaux du thermosiphon, afin que l'air puisse s'échauffer en passant à travers avant de pénétrer à l'intérieur, pour ne pas saisir les plantes en transpiration.

Le vitrage d'une serre est également l'un des points essentiels de la construction. On ne doit jamais employer que le verre blanc; c'est celui qui procure le mieux la lumière pure, indispensable aux plantes pour parcourir les diverses phases de leur végétation. La lumière verdâtre que le verre d'autrefois produisait sur les plantes est reconnue vicieuse à la végétation; sur les fleurs blanches surtout, cette lumière produit un effet très-désagréable.

7. — En général, pour vitrer les serres, on pose les car-

reaux en recouvrement. La partie recouverte ne doit pas excéder un centimètre, parce qu'elle a l'inconvénient de retenir l'humidité provenant de la vapeur condensée sur les carreaux, qui s'échappe ordinairement de l'intérieur par ces ouvertures, et qui, pendant l'hiver, est susceptible de geler et de faire éclater le verre ; de plus, il s'y introduit une sorte de poussière qui verdit et se noircit par la suite et devient malpropre à la vue. On a inventé à ce sujet divers systèmes pour vitrer les serres, et notamment le système Célard, très-employé aujourd'hui ; ce dernier consiste à mettre les deux carreaux bout à bout et à les recouvrir d'un couvre-joint métallique. Ce mode de vitrerie est plus propre, il est vrai, que celui que l'on fait par le recouvrement ; malheureusement, il ne dure pas autant que celui-ci et coûte fort cher. Pour les serres chaudes humides, le système Célard peut être avantageusement employé, en ce qu'il y concentre mieux la chaleur et l'humidité que lorsque les verres sont posés en recouvrement, et qu'il ferme hermétiquement jusqu'aux moindres ouvertures.

Le meilleur verre à employer pour le vitrage des serres est le demi-double ; il supporte parfaitement les pluies torrentielles et la grêle jusqu'à un certain point. Le verre double est rarement employé à cause de sa pesanteur et de son prix plus élevé, et le verre simple ne peut servir qu'à vitrer les devantures, les pignons, ou la toiture des petites serres en bois sur lesquelles on ne pose que des carreaux étroits.

Le mastic qui nous paraît le plus avantageux est celui qui est composé de blanc d'Espagne bien sec et d'huile de lin de bonne qualité ; il résiste parfaitement à toutes les intempéries et ne se durcit pas trop. En général, le mastic qui conserve toujours une certaine élasticité vaut mieux que celui qui se durcit trop rapidement, car alors il se gerce et laisse pénétrer l'eau; d'un autre côté, lorsqu'on veut démastiquer un carreau, on est bien plus exposé à le casser que lorsque le mastic est élastique; ensuite, on peut l'enlever et le reposer beaucoup plus facilement.

8. — Pendant l'été, on doit ombrer les serres dans lesquelles sont cultivées les plantes tropicales, soit avec des toiles, soit en badigeonnant les carreaux.

Pour les serres chaudes humides, il est préférable d'ombrer avec des stores en toiles. La figure 1 en représente un modèle très-simple, peu coûteux, et facile à faire fonctionner.

Les systèmes d'ombrage sont très-nombreux, mais trop coûteux pour la plupart, surtout ceux à la mécanique, dont la pose des engrenages, etc., entraîne toujours à des frais assez considérables. Celui que nous avons appliqué partout où nous avons eu l'occasion de faire construire des serres chaudes humides, et dont nous donnons la gravure (fig. 1), à cause de la facilité avec laquelle on peut le faire fonctionner et du peu de dépense que nécessite son installation, consiste à attacher sur la baguette qui se trouve au faîte de la serre des poulies de distance en distance (AAA, fig. 1); on prend ensuite une grande corde, et on l'attache sous la poulie, en dessous de la toile; on la fait ensuite passer par dessous le rouleau attaché dans le bas sur toute la longueur du store, puis on la fait remonter par dessus le cylindre pour la faire passer d'abord dans la poulie de face, puis dans les deux autres, afin de la ramener dans un petit tambour au pignon de la serre; on place ensuite une autre corde à chaque poulie, en la ramenant toujours à l'extrémité de la serre et dans le tambour, de sorte que lorsqu'on veut remonter les toiles pour désombrer, on n'a qu'à tirer toutes les cordes ensemble, et en un instant

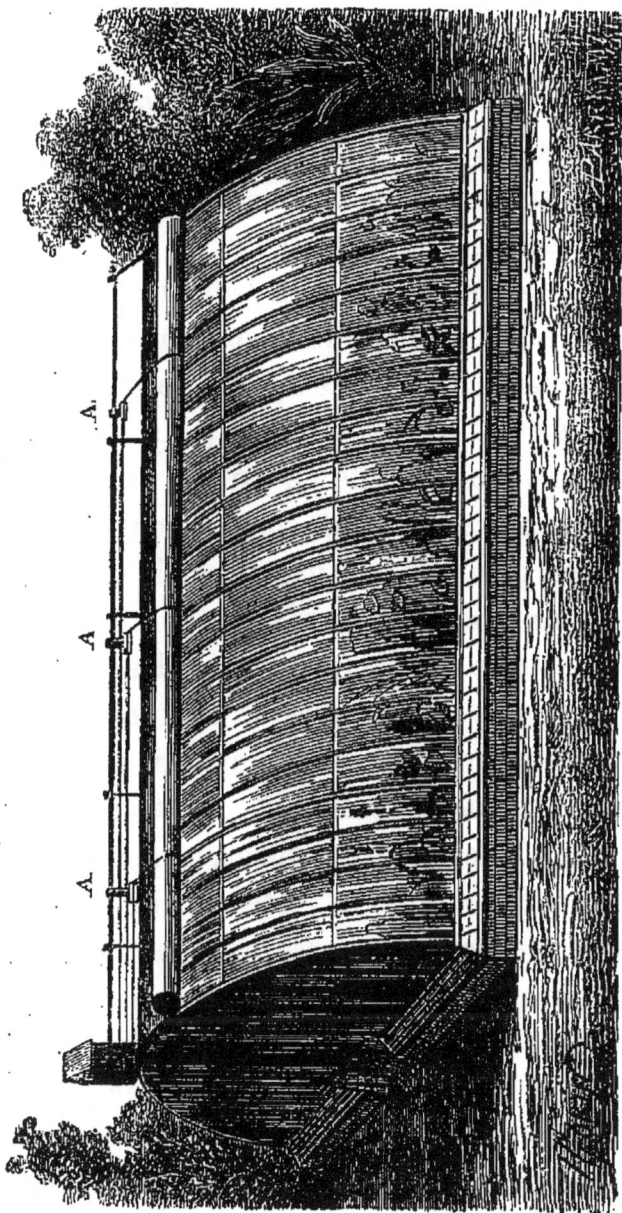

Fig. 1. — Système d'ombrage pour serre chaude.

la toile se trouve roulée en haut de la serre. Pendant les fortes chaleurs de l'été, il est nécessaire de superposer les

toiles à quelques centimètres du verre, afin d'établir un courant d'air ; on y arrive facilement en faisant placer, sur la
toiture de la serre, des petites baguettes transversales de distance en distance. On peut, avec ce procédé, diminuer considérablement la chaleur de l'intérieur, qui est souvent trop
élevée dans le courant de la journée, lorsque le soleil frappe
directement sur la toile étendue sur la serre.

Pour les serres chaudes sèches, il est préférable d'employer des claies, ou simplement de badigeonner les carreaux.
Voici le procédé à l'aide duquel on ombre ces sortes de serres
à l'établissement horticole de la ville de Paris : on fait délayer
dans l'eau du blanc d'Espagne, pour lui donner une consis-
tance pâteuse, et on y ajoute un peu de vert anglais en poudre,
pour lui donner un teint plus sombre ; ensuite, on fait fondre
dans une marmite sur le feu une partie à peu près égale de
colle de peaux ; on verse alors la pâte de blanc d'Espagne et
de vert en poudre dans cette colle bouillante, après l'avoir re-
tirée du feu, puis on détrempe le tout en y ajoutant environ
un tiers d'eau. On étale cette composition sur la surface des
serres vitrées pendant qu'elle est encore chaude ; ni la pluie,
ni le soleil ne la feront disparaître pendant tout l'été ; ce n'est
que par suite des premières gelées qu'elle commencera à s'é-
cailler et à s'effacer des carreaux. On peut l'étaler sur la
serre avec une seringue, mais il vaut mieux badigeonner les
carreaux avec un gros pinceau. Si on ombre au printemps
pour toute la belle saison, on y met une plus forte dose de
colle que si on ombrait pour quelques jours ; dans ce dernier
cas, on met beaucoup moins de colle et davantage d'eau. Les
serres vitrées au système Célard présentent encore un grave
inconvénient à ce sujet ; si on les ombre avec la colle de
peaux, on est exposé à détériorer les bandes métalliques ou

couvre-joints, lorsqu'on veut enlever la peinture pour désombrer la serre.

Pendant l'hiver, comme il s'agit plutôt de maintenir la chaleur à l'intérieur des serres, il est préférable d'abriter avec des paillassons. Pendant les fortes gelées, il est souvent nécessaire d'établir des réchauds au pied des serres chaudes, afin d'empêcher la chaleur de s'échapper, et d'économiser ainsi le chauffage.

9. — Lorsqu'on se propose de cultiver les plantes tropicales sur une vaste échelle, il est nécessaire de faire construire diverses natures de serre chaude, afin de pouvoir donner à chaque série de plantes le juste milieu qu'elles réclament; mais comme on ne peut appliquer ces avantages que dans les grands établissements, où l'on peut cultiver dans chaque serre une tribu de plantes de même nature, et qu'il est impossible à un amateur ordinaire d'avoir des serres spéciales pour chaque famille de plantes, nous nous bornerons à en décrire quelques modèles, dans lesquels on peut, à la rigueur, cultiver toutes les plantes tropicales.

L'exposition du midi est donc celle que l'on préfère généralement pour une serre chaude humide. On peut l'adosser à un mur et la faire à double pente; cependant, une serre chaude humide vaut toujours mieux étant adossée, en ce que l'on y maintient plus facilement l'humidité atmosphérique; ensuite, la chaleur s'y conserve beaucoup mieux que dans les autres.

La figure 2 représente la coupe d'une serre chaude humide, dans laquelle on peut cultiver les plantes tropicales qui exigent une température et une humidité atmosphérique très-élevée ; sur les tablettes de devant on peut cultiver les plantes,

comme les *Sphœrogyne, Cyanophyllum, Achimenes, Gesneria, Begonia, Adiantum, Gloxinia,* etc. ; sur la bâche
du fond, on place les plantes qui s'élèvent davantage, comme
les *Pandanus,* les *Ixora, Anthurium, Dieffenbachia, Philodendron, Colocasia, Amorphophallus, Schizocasia,* etc.
Contre le mur du fond et le long des vitrages, on peut faire

Fig. 2. — Coupe d'une serre chaude humide.

grimper une foule de plantes, telles que : *Échites, Quisqualis,
Clérodendron, Passiflora, Dioscorea, Tacsonia, Rhyn-
cosia, Bignonia, Stephanotis,* etc.

10. — Les plantes délicates de haute serre chaude, comme
les *Gymnostachium, Peperomia, Fittonia, Bertolonia,*

Sonerilla, Coccocypselum, Campylobotrys, etc., etc., pour

Fig. 3. — Coupe d'une serre propre à la culture des arbres à fruits des tropiques.

bien progresser, devront être cultivées de préférence dans des bâches ou des petites serres en bois très-basses ; la végétation y sera bien plus belle que dans les grandes serres en fer. Les *Caladium* à feuilles panachées se cultivent aussi avec beaucoup de succès dans ces sortes de petites serres construites en bois.

11. — La figure 3 représente la coupe d'une serre dans laquelle on peut avantageusement cultiver les arbres fruitiers des tropiques ; elle doit être également située à l'exposition du midi ; la bâche du milieu étant très-large, on peut planter en pleine terre un pied de *Musa sinensis ;* il y fructifiera sans peine et produira de très-beaux régimes de bananes. Vers le milieu de la bâche, on plante un pied de *Carica papaya,* qui fructifie aussi parfaitement dans nos serres, et dont les fruits approchent de la grosseur d'un petit melon à côtes ; enfin, de l'autre côté de la bâche on peut planter le *Durio Zibethinus,* le *Garcinia Mangostana,* le *Coffea arabica,* le *Theobroma cacao,* etc., ou tous autres arbres fruitiers des tropiques, susceptibles de fructifier dans nos serres. Sur le bassin on pourra superposer un pied de *Monstera deliciosa,* de façon à ce que toutes ses racines descendent plonger dans l'eau ; il y fructifiera également lorsqu'il aura acquis une certaine force. Sur la petite tablette chauffée située sur le devant de la serre, ou peut enterrer les pots d'ananas sur deux lignes, dès qu'ils commencent à montrer leurs fruits sous châssis. En fait de plantes grimpantes, on peut y planter la vanille aromatique, *Vanilla aromatica* Lin., et la faire grimper le long du verre, elle y fructifiera également vers la deuxième ou la troisième année ; on pourrait encore y faire grimper des passiflores comestibles de serre chaude, et bien d'autres plantes.

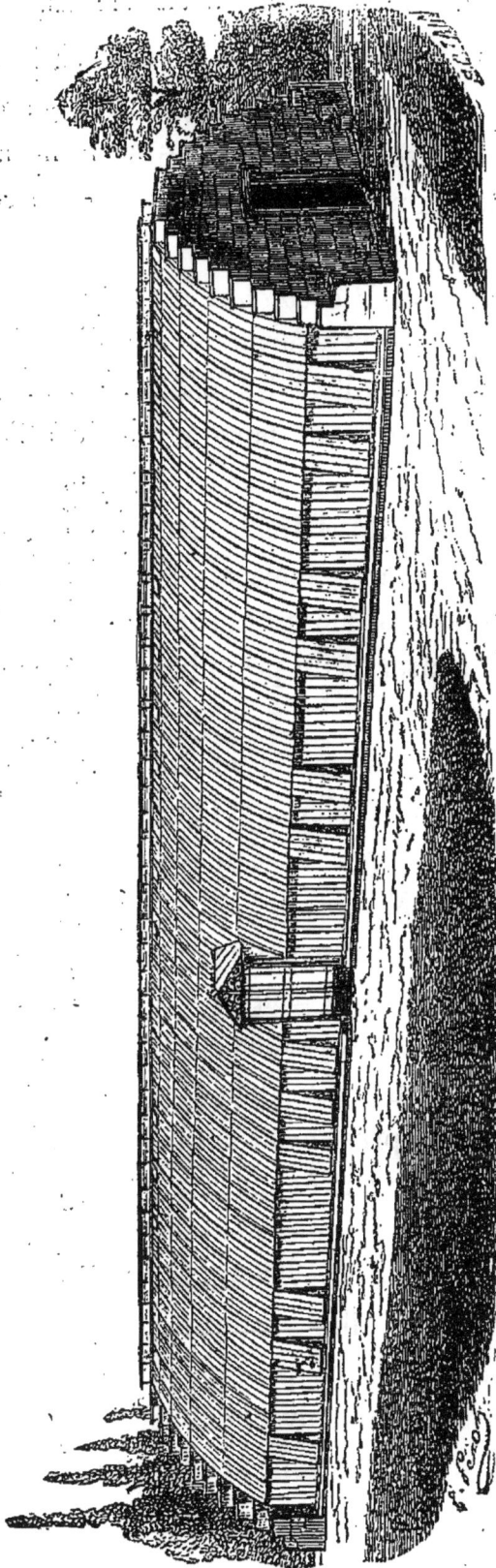

Fig. 4. — Serre propre à la culture des plantes pittoresques. (Extrait de l'Almanach des figures du Bon Jardinier.)

12. — La figure 4 représente la vue d'une serre courbe à deux pentes, dans laquelle on peut cultiver les grandes plantes de serre chaude et tempérée ; on peut lui donner les proportions désirables pour la rendre propre à la nature des végétaux que l'on veut cultiver. Les *Palmiers*, les *Pandanées*, les *Cycadées*, les *Brownea*, *Coccoloba*, et une foule d'autres plantes pittoresques peuvent y être cultivées avec succès. Sur les bâches du devant on cultive les petits palmiers en pots, et le long du verre, on peut faire monter une foule de plantes grimpantes, telles que *Hiræa*, *Ruyschia*, *Pothos*, *Hoya*, *Sphærostemma*, etc. Dans les sentiers on peut accrocher des suspensions, mais jamais au-dessus des bâches où se trouvent les plantes, car alors l'eau qui tomberait par suite des seringages leur causerait un préjudice considérable.

13. — La figure 5 représente la vue intérieure d'une serre annexée aux appartements, décrite et figurée dans la *Belgique horticole*, 1859, p. 235, par M. Ed. Morren. Lors de notre dernière visite à Liége, M. Lambinon, propriétaire de ce jardin d'hiver, et l'un des amateurs d'horticulture les plus distingués de cette ville, nous fit voir avec beaucoup d'empressement toutes les plantes tropicales cultivées dans ce splendide jardin couvert, et nous en donna la gravure que nous reproduisons ci-contre, après l'avoir fait réduire. Dans ce salon de fleurs, dont la porte d'entrée communique avec la salle à manger, on remarque des Palmiers superposés sur des troncs d'arbres munis de leur écorce raboteuse, et dont l'extrémité offre la forme d'une corbeille rustique, dans laquelle sont disposées les plantes ; avec ce procédé très-simple, on peut orner un espace assez grand avec des plantes relativement petites, et garnir une serre convenablement, à fort peu de

Fig. 5. — Jardin couvert de M. Lambinon, à Liége.

frais. Le pied de ces vieux troncs d'arbres est garni de pierres, dans lesquelles sont disposées des *Caladium, Fougères, Philodendron,* etc., entourés de plantes grimpantes, telles que : *Aroïdées épiphytes, Cissus, Vanilles,* etc. Le devant des tablettes est garni d'un treillage rustique et recouvert de plantes grimpantes pour masquer les tuyaux du thermosiphon. En haut se trouvent des *Orchidées caulesentes,* des *Broméliacées,* des *Bégoniacées,* etc. En l'air sont suspendues les *Orchidées acaules épiphytes,* et des suspensions de diverses formes au-dessus des sentiers. Dans le fond de la serre on remarque une fontaine profusément garnie de petits poissons rouges, entourée de pierres rocailleuses et de belles plantes tropicales au milieu desquelles s'élance un jet d'eau continu. L'ensemble de cette serre offre un ravissant tableau de fleurs et de verdure, dont on n'aperçoit ni pots, ni caisses, ni chauffage, le tout étant dissimulé dans les constructions rustiques.

Nous ne sommes plus au temps où l'on construisait les serres dans un coin du jardin caché à la vue. Aujourd'hui on veut des serres d'agrément établies à proximité des habitations, afin de pouvoir s'y promener librement pendant les mauvais temps. Un grand nombre d'amateurs ont suivi l'élan donné par M. Lambinon, en se faisant construire des serres à proximité de leurs appartements. L'arrangement intérieur de cette serre est dû à M. Wiot, chef de culture et associé à la maison Jacob Makoy et Cie, horticulteurs à Liége.

Dans ce genre de serres on doit exclure les gradins, la vue des pots, des appareils de chauffage, et enfin tout ce qui peut être désagréable à l'œil. Les petites grottes, jets d'eau, ou les rocailles artificielles ingénieusement établies, sont toujours du meilleur aspect dans les serres chaudes, et la plupart des

plantes tropicales, lorsqu'elles y sont convenablement disposées, y acquièrent un développement et une vigueur qu'elles
ne sauraient atteindre étant cultivées en pots.

Ayant été chargé de construire une serre de ce genre aux
Ardennes, dans un pays où les forêts abondent de vieilles
souches de chêne à moitié consommées, nous eûmes l'idée
d'en faire ramasser un grand nombre et de disposer l'intérieur d'une serre de cette façon ; nous imitâmes une forme de
tableau représentant une chaîne de montagnes, dans lesquelles dépassaient çà et là les pointes des souches raboteuses
les plus difformes et perforées de tous côtés. Au pied de ce
rocher se trouvait une fontaine alimentée par une cascade
sortant d'une forte souche disposée à environ 2 mètres au-
dessus de l'eau ; le trop plein de cette fontaine alimentait
une petite rivière qui faisait le tour de la serre en descendant
par degrés d'une souche sur l'autre, jusqu'à ce qu'elle arrivât
à une ouverture ou elle s'échappait pour tomber dans un réservoir. Nous avions disposé toutes nos plantes tropicales,
telles que : *Orchidées, Broméliacées, Aroïdées, Gesnériacées, Bégoniacées, Fougères, Lycopodiacées, Commélinées*, etc., etc., entre les souches dont nous avions rempli le
vide de mousse blanche ou *sphagnum ;* les plantes, ainsi disposées, recevant une chaleur humide suffisante du thermosiphon au-dessus duquel était superposé ce rocher, atteignirent
en peu de temps un développement et une vigueur extraordi-
naires ; l'ensemble de la serre ressemblait à une montagne
recouverte de la flore tropicale tout entière.

Nous engageons vivement les amateurs qui seraient disposés à se faire construire des serres d'imiter ces préceptes et
de disposer les plantes dans leurs serres d'après l'ordre le
plus naturel possible ; l'aspect général en sera bien plus at-

trayant, et les plantes y prospéreront beaucoup plus vigoureusement que dans les serres où elles seront cultivées en pots ou en caisses.

14. — Les plantes aquatiques qui proviennent des pays chauds, comme la *Victoria regia*, Lindl., les *Nymphœa*, *Pontederia*, etc., doivent être cultivées dans une serre-aquarium, c'est-à-dire une serre chaude humide au milieu de laquelle se trouve un grand bassin rempli d'eau, dans lequel on fait passer un ou deux des tuyaux du thermosiphon, afin d'élever l'eau à un degré de température propre à la nature de ces végétaux ; ensuite on plante la *Victoria regia* au milieu et dans le fond du bassin, dans une bonne terre de gazon consommé, mélangée de terre franche, de terreau et de bonne terre de jardin ; on élève le niveau de l'eau au fur et à mesure que la plante prend du développement, jusqu'à ce qu'elle ait atteint la hauteur du bassin. Les autres plantes plus petites, comme les *Nymphœa*, *Pistia*, *Pontederia*, etc., peuvent être superposées à fleur d'eau et sur des tables près du bord de l'eau. La température de la serre-aquarium peut s'élever de 30 à 40º centigrades, sans inconvénient, pendant le moment le plus chaud de la journée ; la moyenne doit y être maintenue entre 25 et 30º centigrades. On ne l'ombre jamais ; le soleil peut frapper les feuilles des plantes aquatiques sans les endommager.

15. — Tous les végétaux qui proviennent des pays chauds n'exigent pas la serre chaude humide ; il en est un grand nombre qui proviennent des lieux montagneux et qui vivent à une altitude considérable, qui se plaisent mieux dans une serre renfermant une chaleur humide moins élevée. Pour

ne serre chaude ordinaire, c'est-à-dire une serre chaude
che, 15 à 20° centigrades de température suffisent; comme
ı ne doit pas entretenir à l'intérieur un degré d'humidité
ıssi élevé que. dans les serres chaudes humides, au lieu de
s ombrer avec des stores en toile, on peut le faire avec des
aies, ou simplement en badigeonnant les carreaux à l'exté-
eur; l'humidité atmosphérique y sera ainsi beaucoup moins
ondante que dans les serres ombrées avec des stores en
ile. Les végétaux qu'on cultive avec le plus de succès dans
s serres chaudes sèches sont les *Adansonia, Allamanda,*
arringtonia, Begonia, Franciscea, Cecropia, Coffea,
urculigo, Cycas, Dracœna, Ficus, Hedychium, Jatropha,
assiflores, et un nombre très-considérable d'autres plantes
 ce genre.

16. — Les serres tempérées se construisent à peu près de
même façon que les serres chaudes. L'exposition sud-est
ur est plus favorable que toute autre; elles doivent renfer-
er à l'intérieur une température moyenne de 15 à 20° cen-
grades, et on donne de l'air lorsqu'elle tend à dépasser ce
aximum. Le niveau du sol d'une serre tempérée peut se
ouver au niveau du sol extérieur. Les plantes qui y sont
ıltivées doivent être ombrées contre l'action desséchante des
yons solaires pendant l'été, soit avec des claies, ou soit en
ıdigeonnant les carreaux à l'extérieur. L'humidité atmos-
ıérique ne doit pas y être aussi abondante que dans les
rres chaudes, et on doit surtout y modérer les arrosements
ındant la période du repos des plantes. Les genres qu'on
ıltive avec le plus de succès dans les serres tempérées sont
s *Æschynanthus, Melastoma, Medinilla, Centropogon*
hapis, Sabal, Hexacentris, Phœnix, etc.

17. — Dans la serre tempérée-froide, on cultive les plantes des pays chauds qui croissent sur les montagnes à des altitudes considérables, où la température descend jusqu'à quelques degrés au-dessous de zéro. Comme la plupart de ces plantes rentrent dans la catégorie des végétaux de serre froide, nous n'aurons pas à nous en occuper ici.

18. — La figure 6 représente la coupe d'une serre à multiplication, dans laquelle on peut multiplier la plupart des plantes de serre chaude et tempérée.

La largeur de cette serre est de 2m 60 sur 1m 80 de hauteur, et sur une longueur indéterminée. Le sentier du milieu A est destiné au service des bâches ; il a 60 centimètres de largeur ; au-dessus de chaque bâche on établit un plancher en tuiles sur des tringles en fer, que l'on recouvre d'une épaisseur de 10 à 15 centimètres de tannée, dans laquelle on enfonce les boutures, que l'on recouvre immédiatement de cloches B, C, D, E ; sur l'autre bâche, on dispose un petit encadrement en bois en forme de coffre, et on le recouvre de châssis, ou simplement d'une grande feuille de verre. L'intérieur F est rempli d'une couche de 10 à 15 centimètres de sable blanc, si on veut y faire pousser des *Caladium*, ou autres plantes susceptibles à la pourriture ; d'une couche de terre de bruyère, si on veut y multiplier des *Begonia*, *Fougères prolifères*, etc. Les tuyaux du thermosiphon G passent sous le plancher des bâches, afin que la chaleur puisse s'élever et filtrer à travers la couche de tannée, de terre ou de sable, et maintenir les boutures ou les graines qui se trouvent sous cloche ou sous châssis dans un état constant de chaleur et d'humidité, pour stimuler la vitalité et favoriser l'émission des racines. Le fond H doit être rempli e terre, pour avoir moins d'espace à chauffer. A l'intérieur

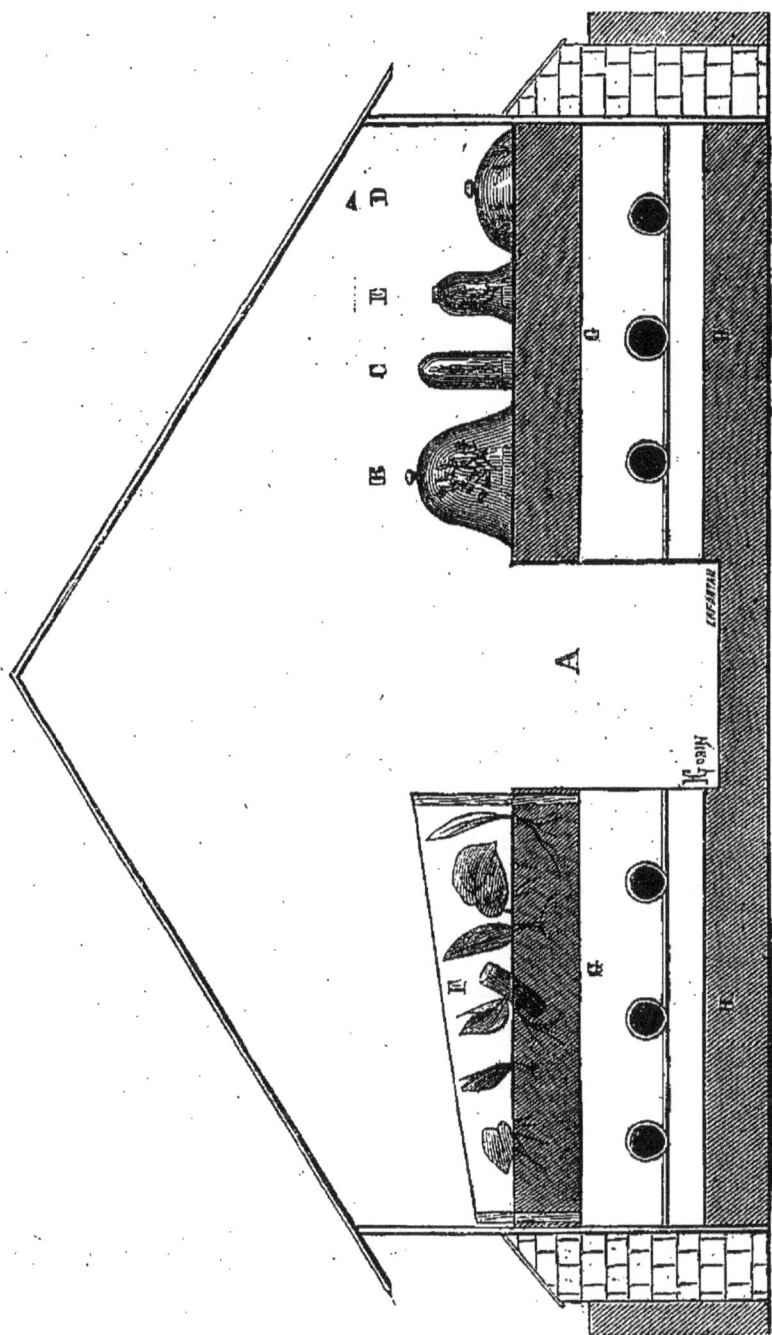

Fig. 6. — Serre à multiplication.

es bâches, la chaleur est réglée au moyen de trappes qui
euvent s'ouvrir et se fermer à volonté, afin d'avoir la tem-

pérature désirable à l'intérieur de la serre, et de pouvoir la laisser s'échapper par les ventilateurs, s'il arrivait qu'elle y fût trop élevée.

La température atmosphérique de la serre doit être un peu moins élevée que la chaleur souterraine, le but étant de stimuler les forces vitales à la base des boutures où doivent se développer les racines. La différence ne devra y être que de deux ou trois degrés, afin que, lorsqu'on voudra découvrir les boutures pour leur donner les soins nécessaires, remuer la tannée, etc., elles ne soient pas saisies de se trouver un instant découvertes, ce qui aurait lieu si la température extérieure de la serre était beaucoup plus froide. Une serre à multiplication doit être constamment recouverte de stores en toile ou autres, afin de pouvoir ombrer les boutures s'il faisait un moment du soleil; l'intérieur doit aussi, pour être propre à la multiplication des plantes tropicales, être divisé en deux compartiments, dont la longueur varie selon la quantité de plantes qu'on doit y bouturer. Le premier compartiment devra renfermer trois tuyaux dans chaque bâche; il servira au bouturage des plantes de serre chaude et renfermera 20 à 25° centigrades de chaleur souterraine, et jusqu'à 30 pour les espèces de haute serre chaude. Le deuxième compartiment renfermera seulement deux tuyaux dans chaque bâche; il sera destiné aux multiplications des plantes de serre tempérée, dont la chaleur à l'intérieur se maintiendra entre 15 et 20° centigrades.

19. — Un des points essentiels, et qu'on ne doit jamais perdre de vue dans la construction des serres chaudes, est de disposer le niveau de l'intérieur beaucoup au-dessous du niveau du sol extérieur. Le mur, à l'extérieur, devra à peine

dépasser de quelques centimètres le niveau de la terre, tandis qu'à l'intérieur il aura un mètre de hauteur ; l'humidité atmosphérique s'y maintient plus facilement que si la serre était plantée au niveau du sol. Un tambour, ou plutôt une sorte de vestibule, doit toujours précéder l'entrée d'une serre chaude, afin que l'air froid ne puisse venir frapper les plantes à l'intérieur, chaque fois qu'on ouvre la porte pour y entrer. Les tablettes doivent être construites en fer ; elles sont plu? économiques et beaucoup plus durables que celles en bois. On établit un plancher en tuiles sur des barres de fer, puis on étale une couche de mâchefer ou scories de fourneaux grossièrement tamisées, sur laquelle on pose les plantes en pots, après l'avoir bien égalisée. Les vers ne s'introduisent jamais dans le mâchefer, et l'eau provenant des arrosages n'y séjourne pas longtemps ; ensuite, il ne donne jamais lieu à aucun champignon ou autres matières infectes que produisent le tan, la sciure de bois, etc. Pour les plantes qu'on veut livrer à la pleine terre en serre chaude, on défonce les bâches qui doivent les recevoir à la profondeur voulue, en établissant dans le fond un sous-sol perméable ; ensuite, on y dépose la terre la plus favorable à la nature des plantes qu'on se propose d'y cultiver. C'est sur la devanture des serres chaudes et au-dessus des tuyaux du thermosiphon qu'on pose les tablettes en fer. Les pieds ou montants doivent avoir 2 centimètres de diamètre et être distancés à 1 mètre les uns des autres. On enfonce ensuite une traverse dans le mur, à la hauteur voulue, pour supporter les barres de fer qui doivent recevoir les tuiles. On rive sur le devant une bordure de 10 ou 15 centimètres de largeur en forte tôle pour retenir le mâchefer, que l'on place ensuite sur les tablettes. Ce système de tablettes est peu coûteux, surtout si on emploie des vieilles tuiles, comme on le fait ordinairement, et dure fort longtemps.

Dans les serres chaudes et tempérées, la ventilation n'a donc lieu que dans le but de purifier l'air, pour sécher l'atmosphère, s'il arrivait qu'elle y soit trop humide, ou bien pour diminuer la température, si elle voulait dépasser le maximum, c'est-à-dire 30 ou 32° centigrades pour les serres chaudes humides, et 25 pour les serres tempérées. Cette élévation de température n'est admissible que pendant les fortes chaleurs de l'été; alors, la température extérieure étant à peu près égale à celle de la serre, il n'y a pas grand inconvénient à l'aérer. Si, pendant qu'il fait froid au dehors, on voulait admettre l'air extérieur dans une serre dont la chaleur et l'humidité atmosphériques sont très-élevées, ce dernier disparaît rapidement par les ouvertures, tandis que l'air froid pénètre à l'intérieur pour remplacer l'air chaud; il lui enlève ainsi rapidement une partie de sa chaleur et de son humidité atmosphériques, et produit sur les plantes qui y sont cultivées un air brusque et froid qui leur est très-nuisible. Pour éviter cet état de choses, on a inventé divers procédés, entre autres de pratiquer des ouvertures dans le mur, afin que l'air froid, en pénétrant dans la serre, s'échauffe, en la traversant, sur les tuyaux du thermosiphon en dessous des tablettes avant d'arriver dans la serre. Pendant l'été, la température extérieure étant presque aussi élevée que celle de la serre, la ventilation n'offre pas toutes ces difficultés; c'est surtout pendant l'hiver, lorsqu'il fait très-froid, qu'on doit ventiler les serres avec précaution. A cette époque, du reste, un grand nombre de plantes sont dans leur période de repos; le temps étant aussi presque constamment sombre, et le soleil ne chauffant pas les vitraux, comme cela arrive pendant

l'été, il est rarement nécessaire d'ouvrir les ventilateurs ; ce
n'est que dans le cas où il régnerait un mauvais air dans la
serre, soit qu'il se soit dégagé du gaz acide sulfurique des
tuyaux en terre ou du foyer du thermosiphon, ou qu'il se soit
formé d'autres impuretés dans l'air.

20. — Le chauffage à l'eau ou au thermosiphon consiste à
établir un appareil composé d'une chaudière en communication avec un certain nombre de tuyaux d'eau chaude, pour
répandre la chaleur dans toutes les parties de la serre.

Généralement, on applique dans les serres trois systèmes
de chauffage : le thermosiphon ou chauffage à l'eau, le calorifère, et les fourneaux à conduits de fumée. Le thermosiphon est celui qu'on doit préférer pour les serres chaudes et
tempérées, en ce que son action est moins desséchante que la
chaleur du calorifère et des conduits de fumée, et qu'il n'absorbe pas, comme ce dernier, une grande partie de l'humidité atmosphérique de la serre. Le chauffage au calorifère
peut être employé pour chauffer les serres monumentales, où
le thermosiphon ne peut suffire ; dans les serres froides, on
peut l'employer sans inconvénient, de même que les conduits
de fumée, l'humidité atmosphérique ne devant pas être aussi
abondante que dans les serres chaudes.

Il est donc préférable d'adopter le thermosiphon pour
chauffer les serres chaudes. Les tuyaux doivent être placés
sous les tablettes, ou dans un canal creusé sous le sentier et
recouvert d'une grille en fer. On ne doit jamais les placer
au-dessus ; on perdrait ainsi l'espace le plus précieux de la
serre, et la partie inférieure ne serait point chauffée. Les
tuyaux doivent donc toujours être placés dans le bas ; l'air
chaud partant des tuyaux étant devenu plus léger que celui

de la serre, se déplace rapidement pour s'élever dans les couches supérieures. A cet effet, il est nécessaire de laisser quelques centimètres de distance entre la tablette et le mur, afin que la chaleur puisse monter par ce petit espace et le sentier du milieu, pour redescendre ensuite vers le bas dès qu'il sera refroidi. Dans les serres à deux versants, les tuyaux doivent être établis de préférence sous les tablettes de devant; si on ne chauffait que d'un côté, l'autre serait beaucoup moins chaud vers le bas que celui où se trouveraient les tuyaux, dont la chaleur monte rapidement le long des carreaux pour aller se placer dans le haut de la serre et redescendre après s'y être refroidie.

On a inventé dans ces dernières années des thermosiphons de différents genres, mais qui coûtent trop cher et sont souvent trop compliqués. A notre avis, les plus simples et les moins coûteux, lorsqu'ils peuvent remplir le but qu'on se propose, doivent-être préférés. L'ancien système, qui consiste en une chaudière horizontale que l'on adapte sur un foyer construit en briques réfractaires et en terre jaune, est encore le meilleur; l'eau qui se trouve à l'intérieur, une fois chauffée, s'élève par les tuyaux supérieurs en raison de la légèreté qu'elle a acquise par l'influence de la chaleur, en faisant le tour de la serre pour y distribuer la chaleur, puis redescend de l'autre côté par les tuyaux de retour établis sur une pente légère, qui ramène l'eau refroidie vers le fond de la chaudière. Pour que l'air contenu dans les tuyaux ne puisse gêner la circulation de l'eau, on place aux angles des tubes d'air en plomb par lesquels il s'échappera librement.

La force de la chaudière doit être proportionnée à la grandeur de la serre et à la chaleur qu'on veut obtenir. Les constructeurs spéciaux, du reste, savent parfaitement quel numéro de chaudière et la quantité de tuyaux qu'ils doivent employer pour arriver à obtenir le degré de chaleur voulu. Seulement, il est nécessaire, tant pour le jardinier que pour l'amateur, qu'il se rende bien compte des principes et de la marche à suivre pour faire appliquer à leurs serres un mode de chauffage convenable, car il pourrait arriver qu'ils eussent à faire à un constructeur peu consciencieux, qui, pour se faire un placement plus considérable de mètres de tuyaux, en augmenterait inutilement le nombre.

Les tuyaux de 10 centimètres de diamètre sont ceux que l'on préfère le plus généralement. Pour une serre tempérée ordinaire, deux de chaque côté suffisent dans la plupart des cas; pour une serre chaude ordinaire, on peut en mettre trois; et pour une serre chaude humide, il faut au moins en mettre quatre de chaque côté, et quelquefois davantage, si l'espace à chauffer était considérable. On trouve dans le commerce, pour chauffer les serres chaudes humides, des tuyaux-gouttières, c'est-à-dire dont la partie supérieure a deux bords relevés formant une sorte de gouttière dans laquelle on met de l'eau, qui se transforme insensiblement en vapeurs.

Les chaudières en cuivre sont préférables à celles en fonte, en ce qu'on peut boucher les fuites si elles se déclarent et les faire servir indéfiniment; tandis que celles en fonté, une fois percées, on doit s'en procurer d'autres.

Les tuyaux en fonte sont préférables à ceux en cuivre, par la raison qu'ils sont beaucoup moins coûteux et qu'ils remplissent les mêmes avantages; si d'un côté les tuyaux en fonte s'échauffent moins rapidement que ceux en cuivre, ils ont aussi l'avantage, lorsqu'ils sont chauds, de se refroidir moins rapidement.

Les tuyaux en zinc peuvent être également employés pour

chauffer les serres chaudes ; ils sont beaucoup moins coûteux encore que ceux en fonte ; on doit employer le meilleur zinc, c'est-à-dire le nᵒ 16 ou le nᵒ 18 ; les numéros inférieurs seraient trop faibles, et les tuyaux ne seraient pas de longue durée ; ils doivent être placés en long sur le mur qui entoure les bâches à l'intérieur des serres, et si on les pose sur les tablettes, il faut avoir soin de placer en dessous une planche étroite et épaisse, de façon à ce qu'ils reposent sur toute la longueur. Placés dans ces conditions, ils ne peuvent se courber, et ils se conservent pendant très-longtemps. Les tuyaux de zinc s'échauffent aussi rapidement que ceux en cuivre, et sont très-propres à chauffer les petites serres chaudes. Afin de les conserver pendant plus longtemps encore, on les peint au minium, ce qui leur donne une plus grande solidité et les fait résister à l'humidité.

Le thermosiphon doit être constamment rempli d'eau ; c'est surtout au moment où l'on chauffe beaucoup qu'on ne doit pas perdre de vue le remplissage de la chaudière, car s'il arrivait qu'il y eût un peu d'eau seulement dans le fond, elle se transformerait rapidement en vapeur, et aussitôt qu'elle serait usée, le fond de la chaudière brûlerait, et on en serait quitte pour la remplacer. On doit avoir soin, pour prévenir cet état de choses, de l'alimenter chaque jour, en versant une certaine quantité d'eau dans le réservoir qui l'alimente. C'est surtout dans les serres à *Orchidées* et à *Palmiers,* etc., où le thermosiphon fonctionne pendant une grande partie de l'année, qu'il ne faut pas perdre de vue aucun de ces procédés.

Dans les grandes serres chaudes sèches, on peut faire usage du calorifère ou chauffage à air chaud, d'un foyer à conduits de fumée et du thermosiphon à la fois ; comme la partie du foyer des conduits de fumée est celle qui absorbe le plus l'humidité de la serre, on peut obvier à son inconvénient en adaptant immédiatement au-dessus du foyer une chaudière en cuivre ou en fonte de la largeur de celui-ci, avec des tuyaux en zinc ou en fonte, pour circuler à l'intérieur de la serre ; on aura ainsi double écconomie de chauffage, et la chaleur sera utilisée d'une manière convenable. Autant que possible, on placera le foyer au-dessous du niveau du sol de la serre, afin que s'il arrivait une fuite, la fumée et le gaz acide sulfurique ne puissent avoir accès dans l'intérieur de la serre.

CHAPITRE II

Exposé des principes qu'il convient d'appliquer à la culture en serre chaude et tempérée.

21. — Les plantes de serre chaude appartiennent toutes à des pays chauds, mais qui cependant sont loin de se présenter entièrement semblables ; il est donc de la plus haute importance de connaître la patrie de chaque plante en particulier qu'on se propose de cultiver, et le milieu dans lequel

elle croît spontanément, afin de pouvoir lui donner un mode de culture analogue à ses habitudes naturelles. Ainsi, il arrive souvent que des plantes provenant d'un même pays sont de serre chaude, tandis que d'autres sont de serre tempérée et même de serre froide. Cette différence s'explique pour les pays montagneux, où on trouve parfois les plantes à des hauteurs considérables, où le climat est beaucoup plus froid que celui qu'indique la latitude. En conséquence, les plantes provenant des contrées tropicales doivent être parfois cultivées en serre tempérée et même en serre froide; tandis que la majeure partie exigent la serre chaude, renfermant une température de 15 à 25° centigrades, selon la nature des plantes. C'est pourquoi on est obligé, lorsqu'on fait construire des serres chaudes, de les distribuer d'une façon différente, afin de pouvoir les approprier à la nature des plantes qu'on se propose d'y cultiver, ou simplement en divisant les serres elles-mêmes par compartiments dans lesquels on entretient une chaleur différente pour chaque série de plantes, et en même temps pour leur donner une température plus élevée pendant la période de la végétation que pendant celle de repos. La température d'une serre chaude sera donc maintenue entre 20 et 25° centigrades, fortement saturée de vapeurs d'eau. On comprend que pendant l'été, au moment où le soleil se trouve à l'horizon, elle pourra s'élever jusqu'à 30° centigrades et dépassera même quelquefois, sans nuire à la végétation. Toutefois, si, pendant les journées les plus chaudes de l'été, il arrivait que le thermomètre s'élevât à 32° centigrades, on donnera de l'air en ouvrant les vasistas pendant le moment le plus chaud de la journée. Pendant l'hiver, la température sera maintenue autant que possible à 20° centigrades, et au moment des plus fortes gelées, on pourra même la laisser descendre jusqu'à 18°; mais si elle voulait s'abaisser davantage, il serait nécessaire de couvrir la serre avec des paillassons.

22. — Les plantes de haute serre chaude exigent une chaleur atmosphérique très-élevée. La plupart croissent spontanément dans les lieux ombragés, où il règne constamment une chaleur humide qui permet aux racines de puiser dans l'atmosphère qui les environne les vapeurs d'eau qui leur sont nécessaires ; il est absolument nécessaire, dans la culture artificielle de nos serres chaudes, de leur procurer un milieu à peu près semblable, ombragé par des claies ou autres abris, pour que l'action directe des rayons solaires ne puisse compromettre le succès de la culture, car le plus grand nombre de plantes de haute serre chaude, et notamment les *Orchidées*, vivent plutôt de la chaleur et de l'humidité atmosphériques que du sol avec lequel elles se trouvent en contact ; il est donc rigoureusement nécessaire de donner à la serre destinée à la culture de ces plantes la chaleur humidifiée qu'elles réclament.

La chaleur et l'humidité d'une serre ne doivent pas être maintenues dans les mêmes proportions pendant toute l'année ; elles doivent y être réglées de façon à procurer aux plantes, pendant la période de la végétation, une température et une humidité atmosphériques plus élevées que pendant la saison du repos ; on l'obtient aisément en chauffant plus fort dans une saison que dans l'autre, en arrosant les sentiers, en jetant de l'eau sur les tuyaux du thermosiphon, et enfin en seringuant davantage les plantes dans une saison que dans l'autre. Dans les serres chaudes humides, il est bon de placer des réservoirs d'eau de distance en distance sous les tablettes, afin d'obtenir par l'évaporation une plus forte dose d'humidité en suspension dans l'air. On a inventé à ce sujet des tuyaux-gouttières qui font le même office, et dans lesquels on entretient de l'eau en raison de la dose d'humidité atmosphérique que l'on veut procurer aux plantes. Les chauffages à la vapeur et le thermosiphon sont de beaucoup préférables aux conduits de briques et aux tuyaux en terre cuite que l'on établit dans les serres, et dans lesquels circule la chaleur du foyer. Ces derniers absorbent une trop grande quantité de l'humidité de la serre, tandis que les premiers n'en absorbent que très-peu ou point du tout.

Autant que possible, la température et l'humidité en suspension dans l'air de la serre seront maintenues dans des proportions semblables, c'est-à-dire que si la température était trop basse et que l'humidité atmosphérique y fût trop élevée, cette dernière serait absorbée par la plante, sans qu'il lui soit possible de la décomposer ; alors les parties absorbantes se gonflent d'eau, et leur décomposition provoque bientôt la pourriture.

23. — Après la période de la végétation, et lorsque les plantes commencent à entrer dans la saison de repos, on diminue insensiblement la chaleur et l'humidité de la serre, de façon à la maintenir pendant quelque temps un peu au-dessous de la température moyenne ; on diminue également les seringages, l'arrosement des sentiers, ou tous autres moyens employés pour concentrer la chaleur et l'humidité. Il en est de même des plantes tropicales cultivées dans nos serres que pour celles cultivées en plein air : il leur faut leur période de repos et de végétation, comme pour les plantes cultivées dans nos jardins.

24. — Pendant le jour, la chaleur peut s'élever dans les serres, de même qu'en plein air, de quelques degrés au-dessus de la température moyenne. Cette élévation de température est souvent provoquée par les rayons solaires vers le milieu de la journée; mais, pendant la nuit, elle sera maintenue tout au plus à sa hauteur moyenne, et devra même lui être inférieure de quelques degrés; les plantes ne s'en trouveront que mieux. Ainsi, pour les serres chaudes, dont la température moyenne est de 20°, il est nécessaire que cette température se maintienne pendant la nuit entre 16 et 18°, tandis que pendant le milieu de la journée, l'action directe des rayons solaires la feront monter jusqu'à 25° et souvent davantage.

25. — Dans les serres, on règle la température à l'aide d'un thermomètre qui indique tous les degrés, depuis le froid le plus intense jusqu'au degré de chaleur le plus élevé. Quant à l'humidité atmosphérique, on la règle au moyen d'un hygromètre indiquant, comme le thermomètre, les degrés d'humidité en suspension dans l'air, depuis la sécheresse la plus complète jusqu'au degré de saturation.

26. — La chaleur artificielle doit être nécessairement appliquée dans les serres chaudes, afin de procurer aux plantes un milieu à peu près semblable à celui dans lequel elles croissent à l'état spontané; elle doit être beaucoup plus élevée pour les plantes de serre chaude que celle à laquelle nous sommes habitués. La température du sol dans lequel on cultive les plantes tropicales dans nos serres chaudes doit être à peu près égale à celle de l'atmosphère. Pour l'élevage de certaines plantes délicates, il est souvent nécessaire de donner une chaleur souterraine un peu au-dessus de celle de l'atmosphère, en établissant des bâches dans les serres ou sous-châssis, afin d'obtenir une chaleur souterraine suffisante pour y élever et cultiver ces plantes délicates, et surtout pour y faire germer les graines provenant des régions chaudes du globe. Il est donc essentiel de donner aux plantes tropicales cultivées dans nos serres une dose de chaleur et d'humidité à peu près égale à celle de la contrée d'où elles sont originaires; certains genres, comme les *Palmiers*, les *Pandanées*, etc., exigent, pour bien prospérer, d'être cultivés dans un sol chauffé. Lorsqu'ils se trouvent plantés dans une serre dont le sol ne contient pas une chaleur un peu au-dessus de celle de l'atmosphère, ils ne prospèrent pas aussi bien que lorsqu'ils se trouvent dans un milieu renfermant quelques degrés de chaleur souterraine de plus; ils prennent, dans ces dernières conditions, un développement et une vigueur qu'il est impossible de méconnaître. Dans tous les cas, on devra bien se garder de ne pas dépasser les limites imposées par la nature, qui d'ordinaire n'emploie pas la chaleur souterraine pour faire croître les végétaux à l'air libre. Les *Palmiers* paraissent être, de tous les végétaux cultivés dans nos serres, ceux qui exigent la plus forte dose de chaleur souterraine; aussi, dans les établissements d'horticulture où on les cultive spécialement, les voit-on presque toujours disposés sur des bâches renfermant une couche épaisse de tannée en fermentation. On ne devra donc appliquer la chaleur souterraine qu'avec réserve dans les serres chaudes, car, pour beaucoup de plantes, si elle était trop forte, elle brûlerait bientôt les racines.

27. — Bien que la plupart des plantes tropicales redoutent

la lumière trop vive que le soleil leur procure par le rayonnement sur le vitrage des serres, elles exigent néanmoins une dose suffisante de lumière pour consolider leurs tissus, et pour leur donner la couleur qui leur est propre, qui sera d'autant plus vive, que les plantes seront exposées à la lumière; dans le cas contraire, elles pâlissent lorsqu'elles s'en trouvent éloignées, et de telle sorte, qu'elles blanchissent même complètement si elles sont totalement soustraites à la lumière. C'est ainsi que les chauffeurs de lilas obtiennent dans leurs serres les lilas blancs, dont on fait un commerce si considérable à Paris, en les privant de la lumière, et en leur procurant le degré de chaleur nécessaire pour stimuler la végétation dans la saison des neiges et des frimas.

28. — L'eau est de tous les éléments l'un des plus essentiels à la vie des plantes. Sans elle, point de végétation. Elle est la nourriture principale des végétaux, qu'elle alimente en montant par les canaux de la tige jusqu'à leur extrémité, et dans toutes les parties qu'elle rencontre.

29. — Pour distribuer l'eau aux plantes de serre chaude, il faut qu'elle soit bien oxygénée, c'est-à-dire qu'elle doit avoir été soumise, au moins pendant vingt-quatre heures, à la température de la serre, avant d'être employée.

30. — Pendant la période de la végétation, la terre exige une plus grande quantité d'eau, parce qu'alors la transpiration est plus forte, et les racines pratiquent conséquemment une absorption beaucoup plus puissante; lorsque les feuilles sont très-jeunes, leur action transpiratoire est beaucoup plus rapide encore, et c'est alors qu'elles réclament la plus

3.

forte dose d'humidité; plus tard, lorsque le limbe des feuilles se durcit et que les matières gazeuses peuvent circuler par les stomates, on pourra diminuer la dose d'humidité au fur et à mesure que leur organisation deviendra plus complète. On a remarqué que l'effet de l'humidité était aussi de disposer les parties d'une plante à se maintenir beaucoup plus tendre que lorsqu'elle se trouve dans un milieu trop sec; c'est surtout aux plantes dont le feuillage est le principal ornement que l'on doit appliquer avantageusement ces principes. Lorsqu'on arrose une plante cultivée en pot, on doit surtout faire bien attention de lui donner assez d'eau pour mouiller la motte à fond; il vaut mieux attendre ensuite plusieurs jours, si c'était nécessaire, que de la mouiller un peu, et souvent pour ne pas traverser la motte.

31. — Les plantes cultivées en pots doivent être empotées dans des vases proportionnés à leur vigueur et à leur développement. En premier lieu, une jeune bouture ou un jeune plant doivent être empotés dans des petits godets, et rempotés ensuite dans des godets plus grands au fur et à mesure que les plantes le nécessiteront. Souvent, les cultivateurs qui commencent à se livrer à la culture des plantes en pots croient bien faire en les rempotant immédiatement dans de grands pots pour obtenir plus rapidement de fortes plantes. C'est là une grande erreur; on obtient au contraire une végétation plus rapide en les empotant successivement dans des vases proportionnés au degré de leur développement; la plante alors progresse avec rapidité, et on n'a pas à craindre que la pourriture se manifeste aux racines, comme cela arrive lorsqu'elles disposent d'une nourriture trop abondante.

32. — Les pots en terre poreuse conviennent mieux que tous autres aux plantes, en ce que leurs parois ont la propriété d'absorber une partie de l'humidité atmosphérique de la serre, ou de laisser s'évaporer une partie de l'eau provenant des arrosages; les pots vernissés n'offrent point cet avantage. La forme est aussi d'une certaine importance : le diamètre d'un pot à la partie supérieure doit être plus grand que celui du fond; la bordure doit en être un peu plus épaisse, afin de donner plus de solidité au pot; le fond devra présenter intérieurement une surface plutôt convexe que plate, pour que l'eau puisse s'écouler totalement. Quant à la hauteur, elle doit varier selon la nature des plantes; ainsi, les *Palmiers* aiment à être empotés dans des vases étroits et profonds, les *Orchidées* dans des pots plus larges et percés de tous côtés; les *Fougères* et *Lycopodes*, et un grand nombre d'autres plantes, aiment des pots larges et peu profonds. Les pots qui seraient de même largeur en haut qu'en bas sont absolument à rejeter, parce que le dépotage ne s'opère pas facilement. Pour les petites boutures enracinées ou le repiquage des jeunes semis délicats, on se sert de pots depuis 3 centimètres de diamètre jusqu'à concurrence de 50 centimètres pour les fortes plantes; passé ce chiffre, on se sert de caisses en bois de toutes formes et de toutes dimensions.

33. — Le drainage des plantes cultivées en pots est d'une importance des plus capitales; bien des cultivateurs se bornent à placer tout simplement un tesson sur le trou au fond du pot, ce qui est insuffisant. Il faut au fond d'un pot au moins un cinquième de sa hauteur d'un drainage quelconque pour les plantes ordinaires, et un tiers pour celles qui sont susceptibles à la pourriture. Les *Népenthées*, les *Aroïdées*,

les *Lycopodiacées*, etc., demandent à être drainées jusque
vers le milieu du pot. Les matières qu'on emploie le plus
avantageusement sont les fragments de briques finement
concassés, de coke, fragments de pots ou tessons, ou autres
matières non susceptibles de retenir l'humidité ; le charbon de
bois, les plâtras, la mousse, etc., ne doivent être employés
que pour les plantes qui peuvent supporter une forte dose
d'humidité, parce qu'ils entretiennent trop humide le fond
de l'intérieur des pots.

Le drainage offre encore un avantage, celui d'empêcher les
lombrics de s'introduire à l'intérieur par le trou du fond. Ces
petits vers décomposent rapidement la terre à l'intérieur des
pots, lorsqu'on les laisse s'y introduire ; ils se nourrissent des
matières végétales contenues dans la terre et interceptent
bientôt la sortie de l'eau provenant des arrosages.

34. On doit donner aux plantes cultivées en pots, comme à
celles cultivées en plein air, des labours à la surface des pots,
et surtout de bons drainages, afin de, les mettre en contact
avec l'air de la serre.

Les racines, de même que les tiges, varient beaucoup par
leur forme; elles sont fibreuses, pivotantes, etc. C'est pourquoi il convient d'empoter les plantes dans des vases en rapport
avec le mode de végétation de leurs racines. Ainsi, les *Orchidées épiphytes* se plaisent étant plantées dans des paniers sus-
pendus; d'autres se plaisent sur des morceaux de bois; les
Palmiers et les *Pandanées* dans des pots étroits et très-pro-
fonds; et enfin, les *Broméliacées, Fougères, Bégoniacées,* etc., se trouvent bien dans des vases de peu de profondeur et fortement drainés.

35. — Les meilleures terres, et celles dont l'horticulture fait le

plus grand usage pour la culture des plantes de serre chaude et tempérée sont : la terre de bruyère pure ou mélangée avec du sable blanc, de la terre franche, du bon terreau de fumier et de feuilles, de mousse blanche (ou *sphagnum*) et souvent d'autres matières telles que charbon de bois pilé, fragments de briques et autres, combinées avec la nature propre de la plante qu'on se propose de cultiver. Le *sphagnum* et la terre de bruyère bruse tourbeuse sont les matières qui servent de base à la culture des *Orchidées tropicales* cultivées dans nos serres chaudes. La meilleure terre de bruyère est celle qui contient le plus de détritus de végétaux ; on la trouve dans les forêts et dans les endroits découverts, où croissent spontanément les petites bruyères indigènes ; elle doit être légère et d'une couleur rousse plutôt que noire, et compacte; celle qui est tourbeuse et qui contient en quantité des débris de ces végétaux non encore entièrement consommés est particulièrement favorable à la culture des *Orchidées, Broméliacées, Népenthées, Marantacées, Aroïdées*, etc., dont un grand nombre sont cultivées dans les serres chaudes d'amateurs. Lorsqu'une plante est jeune, on doit lui donner une nourriture légère et peu substantielle, surtout si elle provient de bouture et qu'elle ne possède pas encore beaucoup de racines. Au fur et à mesure qu'elle prendra du développement et qu'on la rempotera plus grandement, on augmentera les matières nutritives en y ajoutant une plus forte portion de terre de bruyère tourbeuse, de terreau, de terre franche, etc., selon que l'exigera la nature de la plante.

36. — Généralement les plantes puisent la plus grande partie de leur nourriture dans le sol par l'extrémité de leurs racines nommées spongioles. En conséquence, on doit les

cultiver, du moins le plus grand nombre, soit en pleine terre,
soit dans des pots en terre poreuse, dans une sorte de terre
particulière à chacune d'elles. On ne doit pas toujours donner
aux plantes tropicales une terre semblable à celle où elles
vivaient à l'état sauvage ; on doit souvent l'améliorer pour les
cultiver d'une façon satisfaisante dans nos serres, et leur
appliquer parfois même une terre en rapport avec leur mode
de végétation pour les disposer à fleurir ou à produire plutôt
qu'elles ne l'auraient fait sous l'influence de telle ou telle
culture.

37. — Pour les plantes cultivées dans les serres, il est
impossible de préciser d'avance l'époque à laquelle on doit
leur faire subir le rempotage. C'est la pratique qui doit sta-
tuer dans ces circonstances. Lorsqu'une plante est vigoureuse, que les racines tapissent les parois du pot et qu'elle
exige de fréquents arrosements, c'est qu'elle a besoin de
nourriture et d'être rempotée plus grandement. Si au contraire on remarque, pendant la période de la végétation, que
la plante cesse tout à coup de végéter, et qu'elle prend un
air souffreteux, c'est qu'alors il y a excès d'humidité et de
nourriture, et que les extrémités radiculaires ou spongioles
n'absorbent plus les éléments nécessaires à la nutrition de la
plante, soit qu'elle ait eu à subir une altération quelconque
ou que la pourriture se soit manifestée aux racines. Ce qu'il
y a de mieux à faire dans ces circonstances, c'est de dépoter
la plante, de lui enlever toutes les racines malades, et de la
rempoter dans un petit pot et dans une terre légère, jusqu'au
moment où elle aura émis de nouvelles racines. Les plantes
rares et délicates, à feuillage ornemental, doivent être traitées
sous cloches et sous châssis, ou sous de grandes verrines qui

ferment hermétiquement pendant les premiers jours, s'il arrivait que les feuilles soient un peu ridées ou fatiguées. Dès qu'elles seront redressées, et que de nouvelles racines se seront développées, on donnera de l'air pour les habituer de nouveau à vivre à l'air libre de la serre. Lorsque la plante aura repris sa vigueur habituelle et qu'elle sera complètement rétablie, on la rempotera s'il y a lieu, afin de lui procurer la nourriture qui pourrait lui être nécessaire. Dans les plantes à racines charnues, comme les *Orchidées*, les *Aroïdées*, et tant d'autres monocotylédones, on doit bien se garder de ne jamais couper les racines que lorsqu'elles sont endommagées ; on doit enlever seulement les parties malades ou celles qui sont complètement mortes. Pour les plantes bulbeuses, comme les *Caladium*, *Gesneria*, *Gloxinia*, etc., qui cessent complètement de végéter pendant une partie de l'année, lorsqu'on veut les remettre en végétation, on doit leur enlever totalement la vieille terre et leur couper toutes les racines séchées, pour les rempoter ensuite dans une terre nouvelle. On arrose modérément dès le premier abord, et on augmente au fur et à mesure que le développement l'exige.

38. — Les plantes de serre chaude, de même que toutes les plantes en général, ont leur période de végétation et celle de repos ; or, on doit les laisser se reposer pendant plus ou moins de temps, à une époque de l'année qui leur est propre. Nos plantes indigènes se reposent ordinairement par suite de l'abaissement considérable de la température pendant l'hiver. Les plantes des pays chauds, au contraire, se reposent pour la plupart à une époque de l'année où la sécheresse est absolue et s'oppose à toute végétation. Dans nos serres, leur repos peut s'effectuer de la même manière, c'est-à-dire qu'on

diminue plus ou moins les arrosements pendant la période du repos des plantes dont les feuilles persistent pendant toute l'année, tandis que pour les espèces bulbeuses, qui perdent complètement leurs feuilles, comme les *Caladium*, *Gesneria*, certains *Begonia*, etc., on les laisse dans une sécheresse complète jusqu'au retour de la végétation ; alors on les rempote à neuf en les arrosant modérément au commencement de leur végétation, et en augmentant au fur et à mesure que les plantes prendront de la force et du développement. Le repos des plantes est d'une importance capitale en horticulture, et on ne saurait rien faire de bon si on perdait de vue ce procédé.

59. — La manière de disposer les plantes dans les serres est une opération plus importante qu'on ne le croit généralement ; il arrive très-souvent que les plantes disposées d'une certaine façon prospèrent mieux que d'une autre, ou qu'elles flattent mieux la vue. Ainsi, un amateur qui ne disposerait que d'une serre chaude pourrait néanmoins y cultiver un nombre considérable de plantes de natures diverses et des collections nombreuses, étant disposées convenablement et placées chacune dans leurs endroits respectifs. La température n'étant pas la même sur tous les points de la serre, on place les plantes qui exigent la plus grande chaleur dans les parties les plus chaudes, comme le voisinage de la chaudière du thermosiphon, par exemple, et les parties les plus élevées qui sont ordinairement les plus chaudes. En face la porte d'entrée, on place les plantes les plus rustiques ; les petites plantes délicates se cultivent sur les tablettes les mieux chauffées et les plus rapprochées de la lumière, etc. Une serre chaude présente souvent des parties chauffées à trois ou

quatre degrés de différence des autres, de sorte qu'on peut, en profitant de ces différents degrés de température, y disposer un grand nombre de plantes de nature différente. Dans une serre on ne doit jamais entasser les plantes comme on le fait ordinairement dans les établissements d'horticulture de commerce; on doit donner à chaque plante l'espace qui lui est nécessaire pour bien se développer, afin d'obtenir les plus beaux résultats possibles de la culture ; il est toujours plus agréable de voir un certain nombre de belles plantes dans une serre que de voir un encombrement de verdure ou de fleurs qui n'offre jamais qu'une faible partie de l'effet ornemental qu'on peut tirer des plantes. Lorsqu'elles sont disposées de cette façon, l'étiolement, la pourriture, les insectes, etc., viennent se développer dans cette confusion et sont la conséquence d'un mode de culture mal dirigé.

Les plantes qui n'exigent qu'une faible portion de lumière, comme la plupart des *Orchidées,* des *Broméliacées,* des *Bégoniacées,* etc., se placent dans les endroits les mieux ombragés de la serre. Celles qui n'aiment qu'une lumière sombre et diffuse, comme les *Fougères,* se placent sur le derrière des bâches; celles qui sont les moins susceptibles aux refroidissements en face de la porte d'entrée ; et enfin, les plus délicates se placent dans les parties les meilleures de la serre et demandent des soins constants de propreté, et un milieu aussi favorable que possible à leur développement.

Dans les serres, les plantes doivent être placées de façon à ce que le jardinier puisse les apercevoir, qu'elles ne se gênent point entre elles, et qu'elles puissent recevoir la lumière qui leur est nécessaire. L'ensemble doit offrir un contraste agréable, et les plantes doivent y être rangées par degrés de taille, soit sur des gradins, des bâches, des tablettes, etc. Sur les colonnades on fait grimper des plantes volubiles à rameaux retombants ; au-dessus des sentiers seulement, on peut accrocher des suspensions ; contre les murs ou les treillages on fait également monter des plantes grimpantes ; sur les rochers ou les rocailles on dispose les plantes saxatiles ; dans les bassins on superpose les plantes aquatiques ; les plantes pittoresques se groupent au centre des bâches du milieu de la serre ou dans les coins de murs, les plus grandes au milieu et les plus petites sur les bords des sentiers, etc. Afin de faire ressortir davantage encore les plantes disposées dans les serres, on les entoure d'une bordure de *Lycopodes ;* l'espèce connue sous le nom de *L. denticulatum,* Willd., est celle qui convient le mieux pour faire des bordures autour des tablettes et des massifs de plantes, en ce que ses rameaux retombent gracieusement en avant pour masquer le mur contre lequel elle se trouve plantée ; on peut y mélanger quelques pieds de *Tradescantia zebrina, Tapina variegata, Coccocypselum campanulæflorum,* etc., qui y seront toujours d'un très-bon aspect. Dans les serres chaudes humides, et surtout dans les serres à *Orchidées,* on emploie une petite espèce délicate et très-gracieuse, qui rampe parfaitement sur le *sphagnum* ou la terre des pots ; c'est le *L. apoda,* P. Beauv., dont on forme également de jolies bordures auxquelles on peut ajouter quelques pieds de *Gymnostachium Verschaffeltii,* de *Fittonia argyroneura,* de *Coccocypselum cupreum,* etc., qui seront également du meilleur aspect en bordures autour des plantes.

Dans les serres adossées, on est souvent obligé de changer les plantes de place ; comme elles n'y reçoivent la lumière que d'un côté, on doit les tourner de temps en temps, pour que les rameaux ne se dirigent pas tous du côté de la

lumière, et pour éviter qu'elles ne se dégarnissent complètement du côté du mur.

Les arrosements doivent être appliqués d'une manière ri-
goureuse aux plantes de serre. Pour celles qui y sont cultivées en pleine terre, on creuse près du tronc ou de la tige
un petit bassin, afin de pouvoir y déposer la quantité d'eau
nécessaire à la consommation de la plante ; pour celles qui
sont cultivées en pots, on doit avoir le soin, au moment de
l'empotage, de leur laisser assez de vide entre le niveau de la
terre et le bord du pot, afin de pouvoir mouiller la terre jusqu'au fond du vase. Si on ne laissait pas assez de vide dans le
haut du pot, la surface de la terre seulement serait mouillée,
et le fond finirait par se dessécher ; comme c'est généralement
vers le fond que sont accumulées les racines les plus absorbantes, il est absolument nécessaire que l'eau des arrosements
descende jusque-là. C'est surtout pour les plantes cultivées
en terre de bruyère qu'on ne doit point laisser sécher complètement la terre au fond des pots, car alors elle absorbe plus
difficilement que toute autre l'eau provenant des arrosages ;
l'eau qu'on leur distribue dans cet état s'écoulera plutôt par
les vides qu'elle rencontrera que d'humecter la terre sur son
passage.

On doit dans une serre faire au moins une visite tous les
jours à toutes les plantes en général, et leur distribuer l'eau
qu'elles réclament ; on ne doit jamais leur en donner que
lorsque la terre commence à se sécher ; lorsqu'elles sont humides, il arrive souvent qu'on peut les laisser plusieurs jours
sans leur en donner. Si on s'apercevait que l'excès de l'humidité de la terre se prolonge, c'est qu'alors le trou qui se
trouve au fond du pot pour l'écoulement de l'eau se trouve-
rait bouché ; on le débouche immédiatement en repoussant

légèrement les tessons qui obstruent le passage de l'eau, avec
un petit bout de bois que l'on introduit par le fond, ou en
dépotant la plante, pour remettre les tessons à leur place, en
faisant passer les doigts de la main gauche entre la tige de la
plante, de façon à recouvrir la surface du pot avec la paume
de la main ; on renverse ensuite la plante en frappant le bord
du pot sur un corps solide, ou en lui donnant quelques se-
cousses afin de pouvoir l'enlever ; après avoir replacé convenablement les tessons qui servent de drainage, et examiné si
elle a eu trop ou pas assez d'eau, ou si elle aurait besoin d'un
rempotage, on remet le pot, et on tasse ensuite légèrement
les bords, pour que l'eau ne puisse s'infiltrer par là.

On ne doit pas toujours arroser une plante aussitôt que la
terre commence à vouloir se sécher ; il en est un grand
nombre qui doivent être maintenues dans un milieu beaucoup
plus sec que d'autres ; il n'y a guère que les plantes aquatiques ou marécageuses qui exigent un sol constamment humide et submergé. Dans les plantes terrestres, l'eau pourri-
rait bientôt les racines, surtout chez les plantes cultivées en
pots, si elle s'y trouvait en excès, tandis qu'il y a moins de
danger de retarder un peu l'arrosage ; aussitôt qu'une plante
a besoin d'eau, elle prend un aspect souffreteux, les feuilles
se fanent, les extrémités herbacées des rameaux se courbent
et se fléchissent ; en leur donnant immédiatement un bon
mouillage, la plante se ranime et reprend rapidement son
aspect naturel ; néanmoins, après un excès de sécheresse, on
ne donnera pas d'arrosements trop abondants, car alors un
excès d'humidité serait plus redoutable que pendant un autre
moment.

On comprend parfaitement que les moindres connaissances
en physique horticole et physiologie végétale sont, sinon in-

dispensables, au moins d'une grande utilité pour se rendre compte du rôle que joue chacun des éléments dans la végétation, et les services que cette science est appelée à rendre aux jardiniers qui sauront joindre à la pratique les connaissances étendues de la théorie de l'horticulture (1).

40. — L'air concentré des serres chaudes et tempérées donne souvent naissance à un grand nombre de petits insectes qui causent des ravages considérables aux plantes, si on n'emploie pas les moyens de les en débarrasser ; on peut les détruire, pour la plupart, par des fumigations, qui consistent à brûler une certaine quantité de tabac dans la serre, après l'avoir fermée hermétiquement; si cette fumigation a été faite la veille au soir, le lendemain matin la plupart des pucerons seront malades et tombés sur le sol; pour achever de les détruire complètement, on est obligé d'en faire une seconde le lendemain, à la même heure ; il est très-rare que les pucerons résistent à deux fumigations successives bien appliquées.

Les insectes, comme la cochenille, les kermès et bien d'autres ne peuvent être détruits par la fumée de tabac. On doit les enlever à la main en frottant les parties de la plante où ils se sont fixés avec une éponge ou un petit pinceau un peu rude, pour les en débarrasser complètement. Ces insectes se développent rapidement dans les serres où on entretient une humidité atmosphérique trop sèche. Nous avons remarqué que dans les serres où l'on seringue beaucoup, ils s'y développent en moins grand nombre.

(1) On peut consulter à ce sujet l'excellent ouvrage du docteur J. Lindley, traduit de l'anglais par Lemaire, et intitulé : *Théorie de l'horticulture*, ou *Essais descriptifs selon les principes de la physiologie sur les principales opérations horticoles*. En vente à la Librairie agricole, 26, rue Jacob.

L'araignée rouge, petit insecte se développant rapidement sur certaines plantes de serre chaude ; le tigre, espèce d'hémiptère ou thrips, petit insecte noir et allongé, sont également des ennemis redoutables des plantes cultivées en serre chaude, où ils se multiplient très-rapidement lorsqu'on ne prend pas garde de les détruire aussitôt qu'on commence à les apercevoir sur les plantes. Dans les serres chaudes et tempérées, ils s'attachent jusque sur les colonnes et les fers de la toiture, ainsi que sur les tiges des plantes, telles que : *Ixora*, *Nepenthes*, *Theophrasta*, *Orchidées*, *Gesnériacées*, etc., pendant que d'autres, comme le *Clérodendron Thomsonœ*, par exemple, n'en sont jamais atteintes. Malheureusement ces insectes ne périssent pas sous le coup d'une fumigation. Le seul moyen de les empêcher de s'y développer est de seringuer fortement les plantes pendant la période de la végétation, et d'avoir constamment ses plantes dans un bon état de santé, car c'est généralement sur celles qui présentent un air de souffrance qu'ils se développent en grand nombre. Toutefois, lorsqu'ils s'y trouvent, le meilleur parti à prendre pour les empêcher d'y exercer leurs ravages est de les enlever le plus promptement possible avec une petite éponge molle qu'on peut tremper dans une décoction de savon noir ou de jus de tabac, ou avec un pinceau.

Les autres ennemis les plus redoutables des plantes de serre chaude sont : les limaces, les fourmis, les perce-oreilles, les cloportes, etc. Pour les limaces, le meilleur moyen de les prendre consiste à leur faire la chasse le soir ou le matin de bonne heure, avec une lumière en main, au moment où elles exercent leurs ravages, pour les écraser impunément.

Les cloportes et les perce-oreilles se prennent facilement

en creusant la moitié d'une pomme de terre que l'on renverse
sur la surface des pots où elles viennent ordinairement ; elles
vont se cacher à l'intérieur pendant la journée, et on profite
de ce moment pour enlever l'objet creux et les faire tomber
par terre où on les écrase avec le pied.

Enfin, pour prendre les fourmis, aussitôt qu'on a décou-
vert la fourmilière, on place à côté une ou plusieurs petites
fioles que l'on remplit à moitié d'eau sucrée, et dont on en
mouille la partie extérieure pour les engager à monter ; bientôt elles arrivent en quantité pour sucer le sucre, et descendent à l'intérieur pour s'abreuver d'eau sucrée, dans laquelle
elles tombent indistinctement et ne peuvent plus en remonter ;
lorsque la bouteille en contient un assez grand nombre, on
les jette au dehors de la serre, et on écrase celles qui vivraient
encore, puis on recommence l'opération jusqu'à destruction
complète de la fourmilière.

CHAPITRE III

Propagation et éducation des plantes.

---

§ Ier. — SEMIS.

41. — Un grand nombre de plantes tropicales peuvent se multiplier dans nos serres par le semis; les plantes qui en proviennent sont ordinairement plus vigoureuses, mais elles fleurissent moins rapidement que celles qui proviennent du bouturage ou autres moyens de ce genre. Le semis ne reproduit pas toujours exactement l'espèce; il l'améliore étant bien dirigé, en donnant naissance à des races ou variétés nouvelles supérieures aux anciennes.

Avant de semer, on doit toujours s'assurer si les graines sont bonnes ou mauvaises, afin de ne pas perdre du temps et occuper inutilement la place. Les moyens de les reconnaître sont assez incertains; on a recommandé l'épreuve de l'eau, en disant que les bonnes graines descendent au fond, tandit que les mauvaises surnagent. Ce procédé n'est pas applicables à toutes les graines, car il en est qui surnagent sur l'eau et qui sont très-bonnes; telles sont les graines oléagineuses, etc. A notre avis, le meilleur moyen de reconnaître les bonnes graines d'avec les mauvaises est d'en prendre quelques-unes au hasard et de les couper en deux, afin de pouvoir étudier les organes de la germination. Les graines très-fines dont on ne peut voir l'embryon à l'œil nu peuvent être vérifiées à l'aide d'une loupe ou d'un microscope.

42. — Les graines qui conservent longtemps leur faculté germinative doivent être tenues dans un lieu qui ne soit ni trop sec ni trop humide, où la température ne soit ni trop élevée et ne descende pas au-dessous de zéro. On doit, autan que possible, les laisser dans leurs enveloppes naturelles; elles s'y conserveront mieux et plus longtemps. Certaines espèces, comme les *Papyrus* et bien d'autres, doivent être semées aussitôt la récolte, car elles perdent promptement leur faculté germinative. Si ces sortes de graines sont récoltées à l'automne, et qu'on soit obligé d'attendre le printemps pour les semer, on fera bien de les mêler avec du sable qui ne soit ni trop sec ni trop humide, et de les placer ensuite dans des sacs en papier ou en toile, qu'il faut avoir soin de tenir à l'abri de la gelée et de l'humidité jusqu'au moment de les semer; ces graines peuvent être semées avec la terre ou le sable avec lequel elles auront été mélangées, surtout lorsqu'elles sont très-fines, ce qui permet de les répandre avec plus de régularité sur le sol.

43. — La stratification a pour but de hâter la germination

4

des graines qui resteraient trop longtemps en terre avant de lever, et qui risqueraient ainsi d'être détruites par les insectes, ou bien elle a pour but de conserver intactes celles qui perdraient de suite leur faculté germinative par l'action de l'air qui les dessèche.

Les graines des végétaux qui proviennent des pays chauds du globe, comme les *Mangoustans* (*Garcinia Mangostana*, Linn.), les *Cacaoïers* (*Theobroma cacao*, Linn.), les *Caféiers* (*Coffea Arabica*), etc., doivent être stratifiées pour être envoyées en Europe; sans cette précaution, elles auraient perdu leur faculté germinative avant leur arrivée.

Les graines des *Palmiers* tels que *Latania*, *Cocos*, *Euterpe*, etc., peuvent être stratifiées en Europe aussitôt leur arrivée, en les plaçant tout simplement dans des grands pots que l'on tient sur les tuyaux du thermosiphon de la serre chaude. On les arrose de façon à ce qu'elles soient dans une humidité suffisamment chauffée. Au bout de quelques jours, si les graines sont bonnes, on pourra déjà en retirer une partie, celles dont l'embryon commencera à sortir de son tégument. On les sème aussitôt dans une terre convenablement préparée, et on enfonce les terrines sur une bâche et dans une couche de tannée ou de fumier en fermentation. On aura soin ensuite de vérifier tous les jours les autres graines qui resteront en stratification, et d'enlever au fur et à mesure celles qui commenceront à germer, car si on négligeait de les retirer, le germe pourrait se casser par le frottement. Lorsqu'elles sont semées, elles ne tardent pas à se développer, surtout si on enfonce les terrines dans un milieu modérément chaud et humide, jusqu'à ce qu'elles soient complètement sorties de terre; ensuite on les place pendant quelque temps dans une serre chaude, ou on les repique séparément dans des godets que l'on enfonce encore pendant quelques jours sur une couche modérément chauffée, jusqu'à ce que la reprise en soit tout à fait assurée.

44. — Les semis de plantes de serre peuvent se faire en toute saison. Si on sème des plantes à fleurs, on doit tenir compte de l'époque où on les sème, et du temps qui leur est nécessaire pour arriver à produire leurs fleurs, leurs fruits, à une époque voulue de l'année.

45. — La terre doit être préparée d'une manière particulière pour chaque mode de semis. Si on sème des graines communes sur couche chaude et sous châssis, on emploie un mélange de terre ordinaire, terreau, etc., passé au gros crible, afin d'en extraire les pierres ou autres matières analogues; le sous-sol devra être drainé, afin que l'écoulement de l'eau ne soit gêné par aucun obstacle. Les plantes rares ou délicates se sèment ordinairement en terrines et dans une terre bien préparée, passée au crible plus ou moins fin, selon la grosseur, la finesse ou la délicatesse des graines.

46. — Les graines peuvent être semées de différentes manières, qui dépendent surtout de leur origine, de leur volume ou de leur finesse. Celles dont le jeune plant supporte difficilement le repiquage se sèment isolément et dans des godets; celles qui peuvent se repiquer se sèment en terrines; d'autres se sèment d'elles-mêmes; et enfin, on sème dans l'eau les graines des plantes aquatiques, comme la *Victoria regia*, Lindl., les *Nymphæa*, etc.

47. — On sème en terrines les plantes qui sont suscep-

tibles d'être changées de place, ou dont le repiquage se fait sans difficulté. Les terrines doivent être profondes, en raison de la nature plus ou moins pivotante des racines des végétaux qu'on veut semer. Elles doivent être percées dans le fond et convenablement drainées, pour que l'écoulement de l'eau puisse avoir lieu d'une manière parfaite. Après avoir préparé une terre appropriée à la nature des graines, on procède au semis, que l'on recouvre d'une épaisseur de terre à peu près égale au diamètre de la graine; on doit avoir le soin de ne pas trop emplir les terrines, pour qu'on puisse le bassiner chaque fois qu'il le nécessitera.

48. — Le semis en pots se fait surtout pour les plantes dont les graines sont trop volumineuses pour être semées en terrines, comme certaines graines de *Palmiers*, et notamment le *Cocos nucifera*, Linn., pour lequel on aura soin de préparer une couche chaude sous châssis, en serre ou en plein air, selon la saison; ensuite on enfonce les pots ou les terrines sur cette couche de terre. Lorsque les graines sont germées et suffisamment développées, on les transporte à l'endroit de la serre qui leur est destiné, après leur avoir donné un rempotage, s'il y a lieu.

49. — Nous désignons par semis naturels les graines qui se répandent d'elles-mêmes sur le sol, et qui y germent mieux que lorsqu'on les sème en terrines et qu'on les entoure d'une foule de précautions. Il nous est arrivé souvent d'avoir semé des spores (graines) de fougères, entre autres le *Pteris tricolor*, dans des terrines, sur une terre de bruyère grossièrement concassée et tout à fait dans les meilleures conditions; aucune des graines que nous avions semées ainsi n'avaient levé

dans les terrines. Elles avaient sans doute été enlevées par un courant d'air, ou pendant le moment de la ventilation, et étaient allées se fixer sur un mur couvert de mousse, qui se trouvait dans le fond de la serre, à plusieurs mètres de là. Ces graines se développèrent parfaitement sur ce mur, et lorsque les jeunes plantes furent assez fortes, nous nous sommes empressé de les rempoter, et de les placer ensuite dans un milieu aussi favorable que possible à leur développement; au bout de quelque temps, ces plantes, semées ainsi d'elles-mêmes, étaient bien plus avancées que celles qui avaient été semées en terrines et à la même époque.

Ce phénomène a lieu fréquemment dans les semis d'*Orchidées*, avec lesquels on prend généralement trop de précautions, et dont on n'obtient souvent aucun résultat, tandis qu'il arrive que des graines tombées au hasard dans la couche de *sphagnum* qui recouvre ordinairement les pots d'*Orchidées* lèvent parfaitement et sans aucun soin. Cet état de choses nous prouve suffisamment que nous sommes loin de connaître encore tous les secrets de la nature, et qu'il faut savoir l'imiter dans bien des circonstances pour obtenir le résultat désiré. C'est pour cette raison qu'il est de la plus haute importance, lorsqu'on veut s'adonner à la culture des plantes tropicales, de chercher, avant de rien entreprendre, à connaître les habitudes naturelles des plantes à l'état spontané, et la façon dont elles y croissent et s'y reproduisent naturellement, pour leur procurer un milieu à peu près semblable dans la culture en serre.

50. — On sème dans l'eau les plantes aquatiques, comme la *Victoria regia*, les *Nymphœa*, et toutes les plantes de ce genre. Ces semis peuvent se faire en terrines, dans une bonne

4.

terre franche mélangée de terreau et de bonne terre de jardin.
On y répand les graines, et on les recouvre légèrement de
terre, puis on les superpose sur des tablettes dans le bassin
de la serre chaude ou tempérée, de façon à ce qu'elles soient
complètement dans l'eau. Aussitôt que le plant est suffisamment développé, on le repique en godets, qui doivent être
également superposés tout près du niveau de l'eau dans le
bassin de la serre, ou dans la serre-aquarium. Au fur et à
mesure que les plantes prennent du développement, on élève
le niveau de l'eau, afin que les plantes puissent se développer
convenablement.

51. — Les couches chaudes sous châssis à l'air libre doivent être formées avec du fumier de cheval sortant de l'écu-
rie; elles doivent être d'une épaisseur relative à la somme de
chaleur que l'on veut obtenir. Il arrive très-souvent qu'une
couche faite avec de tel fumier produit dans la couche de terreau qui recouvre la surface pendant les premiers jours jusqu'à 40° centigrades; il sera alors nécessaire d'attendre,
comme on dit dans la pratique, que la couche ait jeté son feu.
La chaleur souterraine d'une couche chaude doit se maintenir entre 20 et 25° centigrades. Si on avait à y faire germer
des graines de *Palmiers, Pandanées,* etc., provenant des
parties chaudes du globe, la chaleur souterraine pourra
s'élever jusqu'à 30° centigrades sans inconvénient; elle n'en
sera que plus favorable à leur germination. Pendant la mauvaise saison, les couches chaudes en plein air doivent être
entourées de réchauds, afin d'y concentrer la chaleur qui se
perdrait promptement sans cette précaution; on donne ordinairement aux couches de ce genre 1m 33 de largeur sur une
longueur indéterminée. On sème sur couche chaude une

foule de plantes de serre chaude, telles que *Bromelia*, *Gesneria*, *Musa*, *Strelitzia*, *Maranta*, *Erythrina*, etc. Aux espèces délicates, on peut leur procurer des couches chaudes dans la serre à multiplication. On y arrive aisément en faisant passer les tuyaux du thermosiphon dans une bâche recouverte d'un plancher, sur lequel on étale une légère couche de tannée, pour y enfoncer jusqu'aux bords les pots ou terrines qui contiennent les graines des plantes délicates de serre chaude.

52. — Les couches tièdes sont ordinairement formées de fumiers provenant des couches chaudes refroidies, et auxquels on ajoute une certaine quantité de feuilles pour obtenir une chaleur douce et durable; elles doivent renfermer une chaleur souterraine de 15 à 20° centigrades, et doivent être entourées de réchauds pendant la mauvaise saison; on peut les employer aux semis d'une foule de plantes de serre tempérée, telles que *Hibiscus*, *Solanum*, *Dracœna*, etc., et pour sevrer le jeune plant provenant des couches chaudes. Les plantes de serre tempérée, qui sont plus délicates, se sèment sur couche tiède dans la serre à multiplication, où il est plus aisé de leur donner les soins minutieux qui leur sont nécessaires, surtout pendant l'hiver. Sur couche tiède, on peut bouturer la plupart des plantes tropicales qui servent à l'ornementation des jardins pendant la belle saison, comme les *Coleus*, *Alternanthera*, *Achyranthes*, etc.

53. — Généralement, les graines semées doivent être maintenues dans un milieu modérément chauffé et humidifié pendant les premiers jours, et on augmentera la dose de chaleur et d'humidité au fur et à mesure que la germination

s'accomplira. La terre sous châssis doit être rapprochée le plus près possible du verre, pour éviter l'étiolement du jeune plant. On soigne les arrosements en ayant soin d'éviter l'excès d'humidité, qui pourrait faire pourrir les graines et le jeune , plant; on fait la chasse aux insectes, et on entretient la propreté au-dessus des pots et des terrines; on enlève les mauvaises herbes ou la mousse sitôt qu'elles apparaissent; on ombre les châssis chaque fois que le soleil se montre trop ardent, et on donne un peu d'air si la température avait une tendance à dépasser le maximum.

Les graines des plantes délicates, que l'on sème également sur couche et sous châssis dans la serre à multiplication, nécessitent de grands soins de propreté; une chaleur souterraine convenablement entretenue dans les châssis leur sera surtout très-favorable au-moment de la germination. Les pots ou les terrines dans lesquels sont déposées les graines doivent être approchés le plus près possible de la lumière, afin de ne pas laisser étioler le jeune plant; s'il était trop dru, il faudrait l'éclaircir de bonne heure avant qu'il ne se soit-étiolé.

54. — Il est toujours préférable de repiquer les plantes lorsqu'elles sont jeunes que lorsqu'elles sont trop vieilles. On n'arrache le jeune plant qu'au fur et à mesure qu'on peut le repiquer, car la flétrissure en compromet promptement la réussite. Les plantes que l'on repique sur couche et sous châssis, de même que celles qu'on repique en serre, doivent être plus fortement ombrées pendant les premiers jours et même étouffées sous cloche, si on avait affaire à des plantes rares ou délicates de haute serre chaude.

On repique en terrines les plantes auxquelles on veut faire

développer du chevelu aux racines, ou celles qui supportent parfaitement le repiquage sans en souffrir. Les plantes rares ou délicates se repiquent en godets séparément, et on leur donne de temps à autre un rempotage plus grand, afin de leur procurer insensiblement la nourriture qui leur est nécessaire. Aussitôt qu'elles auront assez de force, on les abandonnera à la température de la serre où elles doivent être cultivées.

§ II. — BOUTURAGE.

55. — Le bouturage est aujourd'hui l'un des moyens les plus employés pour la propagation des végétaux. Par ce moyen, on les conserve francs d'espèces, c'est-à-dire sans modification de type, tandis que par le semis on obtient des variations.

Les boutures se font ordinairement avec des rameaux feuillés, qui s'enracinent à l'étouffée sur couche chaude ou sur couche tiède. On emploie aussi les tiges, les racines, les rameaux foliiformes, les feuilles, les fragments de feuilles, etc., pour multiplier la plupart des végétaux provenant des régions chaudes du globe.

La serre à multiplication est indispensable dans les établissements d'horticulture, où on est souvent obligé de faire en peu de temps un plus ou moins grand nombre de plantes. Dans les maisons particulières, qui ne disposent que d'une serre chaude où on cultive toutes sortes de plantes tropicales, il suffira de disposer une partie de la tablette du devant de la serre pour y multiplier les plantes nécessaires à l'ornementation de la serre elle-même, des appartements ou des corbeilles dans le jardin pendant la belle saison. Cette portion de la tablette destinée à la multiplication des plantes devra être entourée en forme de bâche, de façon à ce que les tuyaux du thermosiphon qui seront enfermés à l'intérieur produisent une chaleur suffisante pour chauffer la couche de tannée ou de sable superposée au-dessus. Les boutures ou les graines y seront enfoncées jusqu'aux bords des pots, et recouvertes de cloches ou de petits châssis vitrés, renfermant un degré convenable de chaleur et d'humidité.

56. — Les petites boutures délicates, susceptibles à la pourriture, doivent être piquées dans des godets de 0,03 centimètres de diamètre, et placées ensuite sous cloche les unes contre les autres. Les boutures plus fortes se plantent dans des godets plus grands, mais qui doivent être aussi petits que possible ; si on éprouve la difficulté de les faire tenir dans ces petits godets, on peut les y fixer en les attachant par-dessus avec une ficelle goudronnée ou du fil de plomb.

Les boutures de plantes vulgaires, dont la reprise s'opère

sans difficulté, peuvent être repiquées par potées, dans des pots d'assez grandes dimensions, suffisamment drainés, et dans lesquels on renverse un godet qui sert avantageusement de drainage. On remplit le tour d'une terre convenablement préparée, et on pique les boutures dans le tour, de façon à ce que le talon se trouve aussi rapproché que possible des parois du pot, dont la propriété est de favoriser le développement des racines.

Pour les boutures qui s'enracinent facilement, on peut se servir de cloches maraîchères, comme en B, figure 6. Pour celles qui redoutent l'humidité, on utilise avantageusement un système de cloche imaginé par M. Barillet-Deschamps, et préconisé en grand dans les serres à multiplication de l'établissement horticole de la ville de Paris. Ce système consiste dans l'emploi de cloches percées à l'orifice, dans lequel on enfonce une éponge (E, fig. 6), dont la propriété est d'absorber l'humidité surabondante de l'intérieur de la cloche ; cette éponge doit être pressée dans la main tous les matins, afin d'en faire sortir l'eau. Un autre avantage des cloches percées, c'est qu'elles sont très-propres au sevrage des boutures à grand feuillage; on les place sous ces cloches pendant les premiers jours du rempotage, et on commence par leur donner de l'air en enlevant l'éponge quelques jours avant d'enlever tout à fait les cloches, afin qu'elles soient déjà habituées à la température de la serre. Les boutures longues se placent dans de grands cylindres étroits (C, fig. 6), et les petites boutures de plantes à feuillage ornemental s'enracinent mieux sous les petites cloches plates (D, fig. 6), légèrement bombées et munies d'un gros bouton qui sert à enlever la cloche avec la main gauche, tandis qu'on essuie l'intérieur de la main droite, ou qu'on leur donne les soins nécessaires. Pour les

grandes boutures comme le *Ficus elastica*, les *Dracœna*, etc.,
qui sont ordinairement plus hautes que les cloches, on fait un
trou dans la couche de tannée, ou on superpose les cloches
sur des tubes en zinc de même largeur, ou bien encore dans
des verrines de dimensions convenables qu'on peut se procurer pour cet usage.

57. — La terre de bruyère sableuse est celle que l'on emploie le plus généralement au bouturage des plantes de serre
chaude ; on y ajoute encore du sable blanc si les bouture-
sont susceptibles de pourriture. On ne doit l'employer ni
trop sèche ni trop humide; si elle était trop sèche, on ne pours
rait la tasser convenablement autour des boutures, ni même
la mouiller ; si au contraire elle était trop humide, elle se
tasserait dans les pots, et les boutures y émettraient difficilement leurs racines.

Certaines plantes, comme les *Colocasia*, les *Dieffenbachia*
et bien d'autres, se bouturent avantageusement dans le sable
blanc ; sa nature perméable convient beaucoup aux boutures
susceptibles de pourriture; dès qu'elles sont enracinées, on
les empote dans une terre plus substantielle, parce que dans
le sable elles ne trouveraient pas longtemps les éléments nécessaires à leur développement.

58. — On ne doit jamais employer que des boutures bien
saines et vigoureuses, n'ayant aucune apparence de maladie ;
si on n'avait à sa disposition que des rameaux rabougris et
malsains, il vaudrait mieux ne pas les bouturer, à moins
qu'on ne soit absolument obligé de propager l'espèce. La plupart des plantes de serre chaude et tempérée peuvent être
bouturées de rameaux herbacés; d'autres doivent l'être avec

des rameaux aoûtés ou ligneux; d'autres enfin avec du bois de plusieurs années, si on veut réussir parfaitement. Les espèces vulgaires comme les *Coleus*, *Achyranthes*, *Lantana*, etc., peuvent être piquées en terre sans avoir été coupées tout près d'un œil; les racines se développent rapidement sur toutes les parties, et reprennent avec tout autant de facilité que celles qui ont été coupées une à une auprès d'un œil, opération qui demande toujours beaucoup trop de temps.

Les boutures étant convenablement préparées, on les laisse séjourner quelque temps à l'air, pour que la plaie du talon puisse se sécher avant d'être mise dans la terre.

Pour les boutures ordinaires, comme les *Alternánthera*, *Héliotropes*, *Tradescantia*, etc., une heure suffit pour cicatriser les plaies. D'autres, comme les *Ficus*, les *Artocarpus*, les *Euphorbiacées*, etc., dont les plaies se cicatrisent difficilement à cause de l'abondance de suc laiteux qu'elles contiennent, doivent attendre pendant cinq ou six heures avant d'être plantées; d'autres enfin, comme les *Broméliacées*, les *Plantes grasses*, etc., doivent attendre pendant une journée au moins avant d'être plantées dans la terre, pour que le talon ait le temps de bien se ressuyer. Ces opérations terminées, on pique les boutures dans des pots, pour les placer ensuite sous cloche, ou en plein châssis sur couche chaude et sur couche tiède, selon leur propre nature.

59. — Le bouturage de rameaux ligneux pourvus de feuilles est praticable pour certaines plantes de serre chaude et tempérée. Ainsi, les *Ficus elastica*, *Astrapœa Wallichii*, *Poinsettia pulcherrima*, *Rhopala corcovadensis*, *Sinclairea violacea*, *Spathodea campanulata*, etc., étant bouturés avec des rameaux ou des branches de quatre ou cinq années, gar-

nies seulement de quelques feuilles à leur extrémité, s'enracinent tout aussi rapidement que les boutures de rameaux herbacés. Lorsqu'on taille ou qu'on rabat des végétaux de ce genre, on éclate toutes les branches coupées pour les bouturer à l'étouffée, où elles s'enracinent parfaitement ; il est plus avantageux de les éclater que de les couper auprès d'une articulation ; l'empâtement qui se produit par la déchirure, et qui sert de base à la bouture, tient lieu de bourrelet et favorise l'émission des racines. Nous avons même bouturé, toutes les fois que nous en avons eu l'occasion, des branches de plusieurs années, et qui étaient complètement dépourvues de feuilles ; elles s'enracinaient également bien et donnaient bientôt naissance à des bourgeons tout autour de la tige.

60. — Toutes les plantes ne peuvent être bouturées de rameaux herbacés ; il en est au contraire qui ne s'enracinent parfaitement bien que lorsqu'elles le sont avec du bois aoûté, c'est-à-dire des bourgeons qui ont atteint leur parfait développement et ne présentent plus aucune apparence herbacée. Les *Cassia floribunda*, Cav., *Ficus elastica*, R., les *Aralia*, etc., sont dans ce cas ; on doit attendre pour les bouturer que le bois soit bien formé et endurci, si on veut obtenir un succès complet du bouturage.

61. — La plupart des plantes de serre chaude et tempérée peuvent donc être bouturées de rameaux herbacés en toute saison, pourvu que les boutures soient bien saines. Les *Allamanda, Medinilla, Ixora, Crescentia, Carolinea, Jambosa*, etc., étant bouturés à l'étouffée avec des bourgeons non encore entièrement développés, s'enracinent en très-peu de temps. D'autres, comme le *Theobroma cacao*, Lin., le

Swietenia Mahogony, Lin., le *Couroupita Guyanensis*, Aubl., etc., ne reprennent bien de boutures que lorsqu'elles sont faites avec des pousses tout à fait herbacées. Aussitôt que ces pousses sont suffisamment développées, on les coupe pour les repiquer immédiatement sous cloche; sans cette précaution, l'air les ferait périr ; étant bien traitées, elles s'enracinent en fort peu de temps.

Les plantes, comme les *Nepenthes*, les *Coffea*, les *Pavetta*, etc., se bouturent aussi avec facilité de rameaux herbacés, à moitié développés; ils s'enracinent plus rapidement que lorsqu'on les bouture de rameaux aoûtés.

Les extrémités de rameaux doivent être préférées pour faire les boutures, en ce qu'elles n'ont qu'à émettre des racines et continuer à s'allonger; on peut également employer les parties inférieures auxquelles on a donné le nom de boutures tronquées; elles produisent également des plantes vigoureuses. Les *Coffea* et toutes les plantes de ce genre ne doivent être bouturées qu'avec les rameaux terminaux de la tige, car les rameaux latéraux ne donnent jamais naissance à des bourgeons verticillés ; on ne peut les utiliser que comme sujet à la greffe des variétés, ou pour former des plantes buissonneuses et sans tige.

On ne doit jamais faire les boutures trop longues ; les petites sont en outre plus faciles à caser sous les cloches; ensuite on peut les sevrer avec plus de facilité, et elles ne risquent pas autant que les grandes d'avoir les feuilles tachées par un séjour trop prolongé sous les cloches.

62. — Le bouturage par feuilles pourvues d'un œil à la base consiste à prendre une feuille en lui conservant un œil et une portion du bois ; on plante ensuite la base ou talon

dans un godet, et on la place sur couche à l'étouffée. Les plantes les plus multipliées par ce procédé sont : les *Ficus elastica* et les *Dracœna*, employés aux garnitures d'appartements. Beaucoup de plantes de serre chaude et tempérée, comme les *Aphelandra, Passiflora, Aristolochia*, etc., se bouturent également bien de cette façon. Ce mode de propagation n'est pas aussi rapide, il est vrai, que lorsqu'on emploie des rameaux entiers, mais il a l'avantage d'être plus rapide d'un autre côté, en ce qu'on peut en faire un plus grand nombre. C'est surtout pour la propagation des plantes nouvelles que l'on veut avoir en grand nombre, pour les livrer au commerce, que ce mode de bouturage est avantageux.

63. — Les feuilles d'un grand nombre de plantes de serre chaude et tempérée peuvent servir au bouturage et reproduisent parfaitement la plante, lorsqu'elles sont placées dans des circonstances favorables de chaleur et d'humidité. Bien qu'en général les feuilles émettent promptement des racines, un certain nombre restent toujours longtemps avant de produire des bourgeons; il se forme à leur base une sorte de bourrelet d'utricules d'où naissent les racines et plus tard les bourgeons. D'après des expériences faites par nous sur la propagation des plantes de serre chaude et tempérée par leurs feuilles, nous pouvons citer les suivantes comme ayant toutes donné naissance à des bourgeons, peu de temps après l'émission des racines ; ce sont : le *Stillingia Cochinchinense, Heterocentrum glandulosum, Peperomia arifolia, argyrœa* et autres, *Bredia hirsuta, Cephœlis ipecacuanha, Franciscea Lindenii, Clerodendron macrophyllum, viscosum* et autres, *Ardisia hymenandra, Beaumontia speciosa, Erythrochyton hippophyllanthus, Ataccia cristata*, etc.,

ce dernier appartenant à la classe des monocotylédones, qui, jusqu'à ce jour, n'offrait à notre connaissance aucun individu pouvant se multiplier de cette façon. Toutes ces plantes produisirent des bourgeons de leurs tissus cellulaires agglomérés à la base, peu de temps après l'émission des racines, tandis que le *Hoya carnosa variegata*, le *Ficus elastica*, l'*Eucalyptus giganteus*, etc., qui avaient été bouturés en même temps et par leurs feuilles, restèrent plusieurs années sans donner aucun résultat, bien que l'abondance des racines qu'elles développaient nécessitassent un rempotage chaque année.

Depuis longtemps déjà les horticulteurs font usage de feuilles pour la propagation des *Gloxinia*, *Begonia*, *Gesneria*, etc., dont on possède actuellement un grand nombre d'espèces et variétés remarquables.

Les plantes telles que : *Hemionitis palmata*, *Chirita sinensis*, *Streptocarpus*, *Bryophyllum*, etc., se multiplient aussi avec une grande rapidité de leurs propres feuilles, qui donnent naissance à des yeux ou bourgeons sur toutes leurs parties ; pour cela, il suffit de les coucher sous châssis et sur couche chaude dans la serre à boutures, et de les fixer sur le sol avec des petits crochets en bois, après avoir fait des incisions avec la pointe du greffoir dans les parties où on veut faire naître des bourgeons.

64. — Beaucoup de plantes de serre chaude se multiplient non seulement de feuilles, mais simplement de lanières ayant la moindre petite portion de nervure. Ainsi, le *Phyllagathis rotundifolia*, les *Begonia*, les *Bryophyllum*, etc., peuvent être divisés par fragments étroits et repiqués chacun dans des petits godets, en terrines, ou piqués obliquement sous

cloche ou sous les petits châssis de la serre. Ils produisent
bientôt des racines, et ensuite des bourgeons; on les empote
alors dans des pots proportionnés au développement qu'ils
peuvent atteindre, et on les place pendant quelques jours encore à l'étouffée, afin qu'elles soient complètement enracinées
pour les sortir à l'air libre de la serre.

65. — Parmi les plantes de serre chaude et tempérée, il
en est qui se multiplient promptement de tronçons de tige;
telles sont les *Cycas*, les *Poinsettia*, les *Dieffenbachia*, les
Saccharum, les *Dracœna*, etc. Il suffit de les couper par
petites rondelles ou tronçons, et de les coucher sur de-la
terre ou du sable, en les recouvrant de quelques millimètres
de terre, ou de les piquer obliquement jusqu'aux deux tiers
environ de leur hauteur. Lorsque les yeux ou bourgeons sont
bien développés, on les coupe pour en faire des boutures
qu'on place sur couche à l'étouffée pour les faire enraciner.
Les graminées, comme les *Arundo, Saccharum*, qui se multiplient de cette façon, doivent être empotées avec le tronçon
de tige sur lequel les bourgeons se sont développés, pour
obtenir un succès certain. Les tronçons de *Dracœna* produisent beaucoup de jeunes bourgeons, étant ainsi couchés
dans le sable et recouverts de quelques millimètres; ceux
qui seraient trop gros peuvent être fendus en deux ou en
quatre, et placés les uns contre les autres, sous châssis renfermant une bonne chaleur souterraine; bientôt ils y développeront des bourgeons qui devront être enlevés dès qu'ils
pourront être bouturés, afin qu'il s'en produise d'autres.

66. — Dans les pays chauds, on multiplie les *Bambous* en
rayons, c'est-à-dire en couchant les rameaux souterrains

dont les nœuds produisent bientôt de jeunes individus. Lorsqu'ils sont bien enracinés, on sépare les articulations, et à
l'automne suivant, on peut déjà les enlever pour les mettre
en place. Dans nos pays, on peut les multiplier à peu près
de la même façon; seulement, au lieu d'opérer en pleine terre,
on les place sur couche tiède et sous châssis, surtout si on
opère de bonne heure au printemps. On coupe d'avance les
rameaux souterrains par tronçons pour les empoter séparément, et on les empote en les maintenant sur couche tiède,
pour leur faire développer leurs bourgeons.

67. — Les plantes de serre chaude qui peuvent se multiplier d'écailles ne sont pas très-nombreuses : les *Zamia, Cycas, Encephalartos,* etc., ont cette propriété. Après avoir
éclaté les écailles de leurs troncs, on les empote dans des
petits godets, puis on les place dans les conditions les plus
favorables de chaleur et d'humidité, jusqu'à ce qu'ils donnent
naissance à des bourgeons de leur base ou talon.

68. — On peut bouturer dans l'eau les plantes telles que
l'*Arundo, Cyperus alternifolius, Hydrolea, Monstera,* etc.
Pour les *Arundo,* on coupe les chaumes par tronçons, et on
enfonce la base dans des pots remplis d'eau et de sable;
lorsque les bourgeons sont développés, on les enlève pour les
repiquer dans des godets. Pour les *Cyperus,* on coupe les
têtes, et on les fait flotter sur l'eau à la température ordinaire
de la serre; les yeux qui se trouvent aux aisselles des feuilles
s'y développent promptement et émettent des racines qui
descendent dans l'eau pour y puiser leur nourriture. Lorsque
les bourgeons sont suffisamment développés, on les éclate de
la tête, et on les empote séparément dans des godets, dans

une terre siliceuse et très-perméable, pour les habituer à vivre peu à peu hors de l'eau.

69. — Sur couche chaude (51), on peut bouturer presque toutes les plantes tropicales. Les boutures herbacées des plantes les plus délicates se piquent séparément dans des petits godets, et sont placées ensuite sous cloche ou à l'étouffée. Les boutures de plantes plus rustiques et moins délicates peuvent être piquées plusieurs ensemble en potées, et les espèces les plus voraces peuvent l'être en plein châssis. Aussitôt qu'elles sont bien enracinées, on les soulève avec précaution pour les empoter séparément, puis on les replace pendant quelques jours encore sur couche chaude, pour faire percer les racines plus rapidement dans la nouvelle terre; on leur donne ensuite de l'air, afin de les habituer à vivre à la température ordinaire de la serre. Les plantes qu'on bouture ordinairement sur couche chaude sont : les *Colocasia, Dieffenbachia, Ixora, Nepenthes, Gloxinia, Begonia, Tydœa, Gymnostachium, Columnea, Ruyschia, Cissus, Bromelia,* etc. Sur couche chaude et sous châssis, dans la serre à multiplication, on bouture avantageusement les plantes à large feuillage provenant des pays chauds, en superposant leurs feuilles sur des baguettes en bois, pour ne pas les laisser frotter sur le sol, afin que la pourriture ne puisse les atteindre; telles sont les *Cyanophyllum, Echites, Sphœrogyne, Campylobotrys, Alloplectus, Anthurium,* etc.

70. — Sur couche tiède (52), on bouture les plantes qui proviennent des parties montagneuses et élevées des pays chauds, et qui réclament chez nous la serre tempérée; telles sont la plupart des *Aristolochia, Melastoma, Allamanda, Clerodendron,* etc. Les boutures de ces plantes sont piquées

isolément dans des petits godets ou en terrines, comme il a été dit pour les plantes de serre chaude. Sur couche tiède, on bouture aussi toutes les plantes tropicales qui servent à l'ornementation des jardins, telles que : *Achyranthes, Solanum, Wigandia, Plumbago, Heliotropium, Erythrina, Lantana, Salvia, Tradescantia, Hibiscus,* etc.

71. — Les boutures de plantes de serre chaude et tempérée réclament des soins constants; on doit les visiter tous les jours pour arroser celles qui en auraient besoin, et enlever la pourriture dès qu'elle aurait tendance à s'y manifester; on doit aussi, pour celles qui sont placées sous cloche, les essuyer tous les matins, afin de faire disparaître l'excédant de l'humidité. La tannée, le sable ou la terre dans quoi se trouvent les boutures doivent être remués une ou deux fois par semaine, surtout la tannée, pour y empêcher le développement des champignons, et que la chaleur arrive constamment douce et uniforme aux boutures, en filtrant à travers l'épaisseur de la couche. La chaleur souterraine est donc nécessaire pour favoriser la production des racines aux boutures des plantes de serre chaude et tempérée. Ainsi, les plantes qui vivent habituellement sous l'influence d'une température atmosphérique de 20° centigrades, par exemple, étant bouturées sur une couche renfermant une chaleur souterraine de 23 ou 24° centigrades, émettent beaucoup plus rapidement leurs racines que si elles étaient bouturées sous l'influence d'une température égale à celle dans laquelle vivent les mères. Il en est ainsi pour toutes les boutures en général, même pour celles qui se font à l'air libre. C'est pourquoi on attend le printemps, au moment où la terre commence à s'échauffer par l'action des rayons solaires, pour bouturer les

arbres, arbrisseaux et arbustes indigènes. A cette époque, la chaleur stimule naturellement la vitalité des boutures et leur fait développer des racines et des feuilles.

. Les boutures des plantes de serre chaude doivent être maintenues dans un milieu d'autant plus chauffé, qu'elles proviennent des parties chaudes du globe. Ainsi, les boutures de plantes de haute serre chaude doivent recevoir une plus forte dose de chaleur que celles de serre tempérée; la quantité d'eau à leur distribuer doit être égale au degré de chaleur de la serre, afin d'avoir une humidité atmosphérique convenable, où les organes des feuilles puissent fonctionner librement et y trouver les éléments qui leur sont nécessaires.

Les boutures, en général, et surtout les boutures herbacées, doivent être maintenues dans un milieu plus ou moins ombré, où les rayons solaires ne puissent pénétrer, et où, cependant, il ne fasse pas trop obscur. Il arrive souvent que le grand jour, bien que le soleil soit caché, fait flétrir les boutures sous verre; dans ce cas, on leur procure immédiatement l'ombrage nécessaire, pour que la flétrissure ne puisse en compromettre la reprise.

L'air influe également sur la reprise des boutures. Lorsqu'elles sont herbacées, et qu'elles ont été flétries, leur réussite est alors gravement compromise. Pour éviter cet état de choses, on les repique, on les place sous cloche aussitôt après avoir été coupées, et on les ombre immédiatement s'il est nécessaire; lorsque les racines commencent à se développer, on peut déjà leur donner un peu d'air.

72. — Lorsque les boutures sont enracinéés, on les empote dans des godets proportionnés à leur développement, puis on les replace pendant quelques jours encore sous l'in-

fluence d'une température à peu près égale à celle où elles se sont enracinées; ensuite on leur donne de l'air, pour les habituer insensiblement à la température de la serre.

Les plantes à grand feuillage, telles que *Cyanophyllum, Caladium, Sphœrogyne*, etc., doivent rester sous châssis dans la serre à boutures, et y subir un ou plusieurs rempotages avant d'être abandonnées à l'air libre de la serre, afin d'éviter qu'elles se trouvent saisies, étant transportées dans une serre où l'atmosphère est plus sèche et où.elles flétriraient rapidement, si elles n'étaient pas suffisamment enracinées.

Les plantes moins délicates et à plus petites feuilles peuvent être sorties de dessous les cloches ou les châssis après qu'elles y auront séjourné quelques jours, et que les racines auront eu le temps de se former dans la terre nouvelle. Les plus rustiques, comme les *Begonia*, les *Dracœna*, les *Bromelia*, etc., peuvent être abandonnées à l'air libre de la serre aussitôt après avoir subi le rempotage. Enfin, les boutures des plantes tropicales qui s'enracinent dans nos serres chaudes et tempérées, et qui sont destinées à l'ornementation des parterres, comme les *Alternanthera, Coleus, Achyranthes, Plumbago, Begonia, Lantana*, etc., doivent, après avoir été rempotées, passer successivement de la serre tempérée à la serre froide ou sous châssis, afin de leur donner de l'air et qu'elles soient habituées à la température extérieure au moment de les livrer à la pleine terre.

§ III. — MARCOTTAGE ET COUCHAGE.

73. — Le marcottage ou couchage est une opération par laquelle on force une branche ou un rameau à s'enraciner sans le séparer totalement du pied mère; c'est surtout pour les plantes dont la reprise par le bouturage s'effectue difficilement que ce mode de multiplication est avantageusement employé.

74. — Le marcottage par incision consiste à courber une branche ou un rameau en lui pratiquant, à l'endroit où on veut lui faire naître les racines, une entaille comme en A, figure 7, destinée à arrêter le passage de la séve descendante et favoriser ainsi l'émission des racines. Pour maintenir la fente ouverte, il suffit de redresser un peu l'extrémité de la branche couchée, et de la fixer contre un tuteur comme en B, figure 7, destiné à empêcher le vent de l'ébranler. Aussitôt que les racines commencent à se développer, et même avant, on fait un cran en C, figure 7, pour forcer la jeune marcotte, si elle est enracinée, à s'alimenter de ses propres racines; lorsqu'elle en est suffisamment pourvue, on la sépare complètement de la branche mère.

75. — On peut marcotter en l'air les plantes dont les branches sont trop courtes pour être couchées sur le sol, ou

celles qui sont trop cassantes. Pour cela, on prend un pot en-
taillé sur le côté (D, fig. 7), afin de pouvoir y introduire la
branche, ou on se sert de petits pots en zinc faits exprès pour
cet usage, et qui s'ouvrent en
deux parties à l'aide de char-
nières, pour se fermer après
y avoir introduit le rameau.
On fait à la branche marcot-
tée une incision en E, figure 7,
dont le but est d'arrêter la
séve descendante pour favoriser l'émission des racines.
On bouche ensuite les joints
du pot avec de la mousse ou
du *sphagnum*, et on remplit
l'intérieur de terre convenable. Lorsque les racines se
sont développées, on entaille
peu à peu la partie inférieure
de la branche mère qui alimente la macotte par le fond

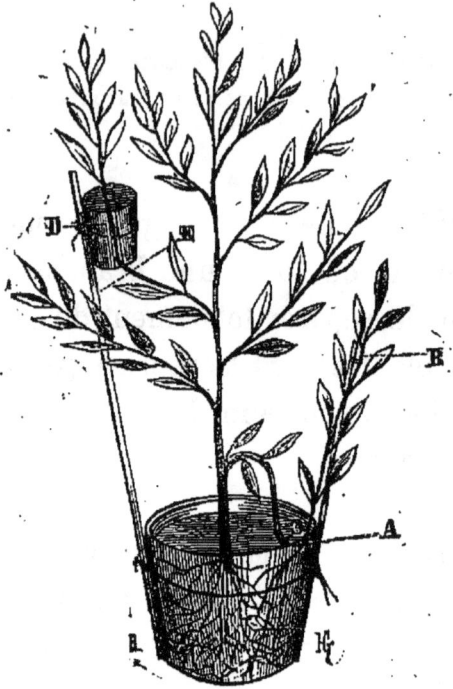

Fig. 7. — Marcotte en terre et en l'air.

du pot, et lorsqu'elle est suffisamment enracinée, on la sépare complètement et on la laisse se suffire à elle-même; si,
pendant les premiers jours elle paraissait fatiguée, on n'aurait
qu'à la tenir sous cloche et lui donner de l'air, pour l'habituer
ensuite pendant les premiers jours à vivre au dehors.

Dans la pratique horticole, on marcotte les plantes par
divers moyens, tels que le marcottage par cépée, par incision
à talon, le marcottage chinois, etc., qui consiste à étaler une
branche sur le sol et à marcotter toutes les parties latérales.
Nous nous bornerons, dans le cadre restreint de ce travail, à

citer les deux principaux modes de marcottage usités dans les serres.

76. — L'extrémité des gourmands qui poussent au pied des branches marcottées par incision doit être pincée souvent, dans le but de forcer la séve à se diriger vers les rameaux marcottés ; sans cette précaution, elle monterait rapidement dans les branches gourmandes, au détriment de celles marcottées. Pour les marcottes en l'air, on devra prendre la précaution de recouvrir la terre d'une couche de mousse ou de *sphagnum*, et d'en entourer totalement le pot, afin de les conserver dans un milieu convenablement humide. Les soins sont les mêmes pour les marcottes herbacées ; on leur conserve toutes les feuilles intactes, car leur suppression serait nuisible au développement des racines.

77. — Dès que les marcottes sont enracinées, on commence par leur faire une petite entaille au-dessous des racines. Quelques jours plus tard, on enlève une portion de bois plus forte ; ensuite, si elle ne paraît pas en souffrir, on coupe tout à fait la branche mère qui l'alimente, mais on ne doit jamais séparer brusquement une marcotte de la branche mère. Cette opération doit se faire insensiblement, surtout lorsqu'on opère sur des plantes rares ou délicates. Pour les plantes ordinaires, dont la voracité est bien connue, on peut quelquefois les séparer d'un seul coup sans inconvénient. Si, après avoir été séparées des mères, ces jeunes plantes provenant de branches marcottées paraissaient souffrir ou se faner, on fera bien de les placer pendant quelques jours à l'étouffée, en leur donnant de l'air, pour les habituer, d'une manière insensible, à vivre à la température ordinaire de la serre.

§ IV. — SÉPARAGE.

78. — La multiplication par éclats ou œilletons consiste à détacher les parties d'une plante qui poussent ordinairement autour du collet de la racine, et à les planter en pots si elles sont suffisamment enracinées. Dans le cas contraire, on les traite comme des boutures.

Les plantes tropicales qu'on peut multiplier d'éclats dans nos serres chaudes sont très-nombreuses. Les *Broméliacées*, les *Musacées*, les *Marantacées*, la plupart des *Orchidées*, etc., peuvent se multiplier de cette façon. Lorsqu'on propage les plantes délicates par ce procédé, il est souvent nécessaire de les placer pendant quelques jours à l'étouffée.

79. — Les rejetons ou drageons qui se développent ordinairement autour de certains végétaux peuvent servir également à la reproduction. Le *Solanum glaucophyllum*, le *Remusatia vivipara*, les *Dichorisandra*, etc., en produisent fréquemment. On n'a qu'à les enlever et les empoter, et s'ils ne sont pas suffisamment pourvus de racines, on les place pendant quelque temps sous cloche ou sous châssis hermétiquement fermés, jusqu'à la reprise parfaite.

80. — Les plantes de serre chaude et tempérée qu'on

multiplie le plus de leurs stolons ou coulants sont : les *Saxifraga*, les *Colocasia*, *Xanthosoma*, etc. ; il suffit d'enlever.ces diverses parties à mesure qu'elles s'enracinent dans le voisinage de la plante mère, pour les empoter séparément, en ayant soin de tenir les espèces délicates pendant quelques jours privées d'air.

81. — La multiplication des plantes par division des touffes est le moyen le plus simple et celui qu'on pratique le plus généralement en horticulture. Les *Maranta*, les *Caladium* bulbeux et autres, les *Lycopodium*, la plupart des *Fougères herbacées*, et la majeure partie des *Orchidées*, se multiplient par division. L'époque de leur faire subir cette opération varie pour chaque plante. C'est ordinairement après la floraison et lorsqu'elles sont à l'état de repos, et qu'elles vont bientôt rentrer en végétation, que ce mode de propagation doit être pratiqué.

§ V. — PROPAGATION PAR LES PARTIES SOUTERRAINES.

82. Rhizômes. — 83. Tubercules. — 84. Oignons et bulbes. — 85. Bulbilles. — 86. Écailles. — 87. Rameaux souterrains. — 88. Racines proprement dites. 89. Turions. — 90. Soins généraux.

82. — Les parties souterraines d'un grand nombre de plantes de serre chaude et tempérée peuvent être employées

à leur propagation. Les *Hedychium, Polymnia, Canna,* etc., se multiplient facilement de leurs rhizômes. Il suffit de les éclater et de les couper en autant de morceaux qu'on désire en faire de jeunes plants, en laissant au moins un œil ou un bourgeon à chaque fragment. On les plante ensuite en pots ou en plein chàssis, et lorsqu'ils sont suffisamment développés, on les cultive dans leurs serres respectives.

83. — Les plantes, comme les *Dioscorea, Methonica, Gloriosa,* etc., se propagent par la division des souches ou tubercules qu'on divise en autant de parties qu'ils contiennent d'yeux. On plante ensuite ces divisions en pots ou en pleine terre, sur couche chaude ou tempérée, selon la nature des plantes. Dès qu'elles commencent à se développer, on peut les traiter comme des plantes formées.

84. — Les oignons et les bulbes d'un grand nombre de plantes exotiques produisent des petits caïeux qu'on éclate des mères pendant la période de repos, un peu avant de les remettre en végétation, pour les planter en pots ou en plein châssis. Les *Hœmanthus,* les *Gladiolus,* les *Tulipes,* etc., se multiplient fréquemment par ce procédé.

Les *Caladium* bulbeux se multiplient de cette façon, ou en coupant l'extrémité du bulbe pour forcer les yeux latents de la base à se développer, pour les diviser ensuite à l'étouffée, lorsqu'ils auront acquis un certain développement.

85. — Les plantes, comme les *Remusatia vivipara,* les *Dioscorea, Mandirola,* un grand nombre de *Fougères prolifères* et tant d'autres plantes, donnent naissance à des bulbilles sur leurs rameaux ou leurs feuilles, qui, étant récol-

tées, semées et traitées comme les graines, ne tardent pas à pousser et à se développer en jolies petites plantes.

86. — Les *Gesneria, Achymenes, Tydœa,* se multiplient parfaitement de leurs rhizômes écailleux, qu'on frotte dans les mains pour en détacher les écailles, et qu'on sème ensuite comme des graines ordinaires, sur couche chaude. Lorsqu'elles commencent à se développer, on les repique en godets ou en terrines.

87. — Les plantes telles que : *Alocasia, Xanthosoma, Colocasia,* etc., produisent à leur base des rameaux souterrains dont l'extrémité prend souvent une forme arrondie ressemblant à de petits bulbes écailleux. On peut les séparer des mères pour les empoter ou les planter dans du sable, en les recouvrant légèrement, et en leur procurant une forte dose de chaleur souterraine.

Les *Curculigo recurvata* et *Sumatrana,* et bien d'autres plantes, produisent également des rameaux souterrains qui, étant coupés par morceaux et placés dans de bonnes conditions, produisent rapidement de jeunes plantes. Les *Dichorisandra* se multiplient également par les pseudo-bulbes qu'ils produisent ordinairement dans le fond des pots, en les plaçant sous le coup d'une forte chaleur de fond, pour stimuler la vitalité. Malheureusement, ce procédé n'est pas rapide; il arrive que des rhizômes de ce genre ne se développent qu'au bout de la première ou de la deuxième année, et un grand nombre même n'en produisent jamais.

88. — Un grand nombre de plantes de serre chaude et tempérée se multiplient de leurs propres racines. Les *Aralia*

papyrifera, Isotypus rosæflorus, les *Wigandia,* les *Bocconia,* etc., dont on coupe les racines et jusqu'aux plus petites extrémités par petits morceaux, produisent chacun un ou plusieurs bourgeons en très-peu de temps ; ces morceaux peuvent être placés les uns contre les autres dans des terrines, en les recouvrant d'une légère couche de terre ou de sable, et en les plaçant ensuite sur couche tiède, où ils développeront rapidement des bourgeons. Dès qu'ils commencent à avoir des racines et des feuilles, on les empote séparément, en les replaçant pendant quelques jours encore sur couche tiède, jusqu'à ce qu'ils soient bien enracinés.

89. — Les plantes comme les *Cycas, Zamia, Dracæna,* etc., produisent souvent des turions à leur base ou dans le fond des pots, qui sont d'une grande ressource pour la multiplication. On les éclate, et on les plante sur couche ou dans des terrines à chaud. Lorsqu'ils sont trop gros, on les fend en deux ou en quatre, de façon à ce que chaque morceau produise une ou plusieurs plantes.

90. — Lorsqu'on met en végétation toutes ces plantes, on doit commencer par leur procurer un milieu modérément humide, et un peu d'air le matin, si elles sont traitées sous châssis, afin de purifier l'air intérieur. Lorsqu'elles commencent à se mettre en végétation, on les arrose davantage, et on augmente encore, au fur et à mesure qu'ils se développent. Aussitôt que la période de la végétation est terminée, et que ces jeunes plantes approchent de leur période de repos, on diminue les arrosements, et on les tient même dans des pots tout à fait à sec et renversés sur les tablettes dans les parties

les plus sèches de la serre, jusqu'au moment de les remettre
en végétation.

Pour les espèces qui ne perdent pas leurs feuilles, mais
qui cependant ont un moment d'arrêt dans la végétation, on
se contente de diminuer les arrosements et de les maintenir
dans un milieu plus sec pendant la saison où elles reposent.

§ VI. — GREFFES.

91. — La greffe est une opération par laquelle on force
une branche, un bourgeon, ou simplement un œil d'une
plante quelconque, à croître sur un autre végétal de la même
essence, en employant toutefois des procédés particuliers,
pour mettre en communication leurs vaisseaux séveux. L'ex-
périence a prouvé que lorsqu'il n'y avait pas un certain degré
de parenté entre la greffe et le sujet, la reprise ne pouvait
s'effectuer, ou si elle avait lieu, les plantes étaient d'une végétation languissante et finissaient presque toujours par se dé-
coller du sujet.

Bien que, dans la plupart des cas, la greffe ne puisse avoir

lieu qu'entre végétaux ayant entre eux un certain degré d'a-
nalogie, on peut néanmoins greffer entre elles la plupart des
espèces et des variétés d'un même genre, mais bien rarement
déjà entre les genres d'une même famille, et presque jamais
d'une famille sur l'autre.

La greffe, de même que le bouturage, le marcottage, etc.,
reproduit les genres sans modification de race, ce qui n'a
pas toujours lieu par le semis.

Lorsqu'on veut greffer une plante, on doit lui choisir un
sujet à peu près de la grosseur de la greffe, ou mieux, un
peu plus fort. Si on voulait faire prendre aux greffes un développement plus rapide, ce qui arrive lorsqu'on veut presser
la multiplication des plantes nouvelles pour les livrer au
commerce, on les greffe alors sur des sujets plus forts et d'une
nature vigoureuse. Outre cela, nous ne croyons pas qu'une
greffe puisse avoir d'influence ni sur le goût des fruits, ni
sur la couleur des fleurs; la différence pourrait avoir lieu
dans la forme, c'est-à-dire qu'on obtiendrait des plantes plus
vigoureuses, des fleurs et des fruits de plus grandes dimensions étant greffés sur des sujets vigoureux, plutôt que sur des
sujets faibles. La greffe n'élabore absolument que les sucs qui
lui sont propres, tout comme une plante parasite vit aux dé-
pens d'une autre. Les greffes que l'on fait en serre offrent
d'autant plus de chances de réussite, qu'elles sont faites sur
des parties herbacées. Ainsi, les *Hibiscus*, les *Clerodendron*,
les *Allamanda*, etc., reprennent en l'espace de quelques
jours étant greffés à l'aide de leurs parties les plus herbacées, dont le tissu utriculaire est encore à l'état médullaire,
tandis que le contraire a lieu si on se sert de rameaux ligneux pour la greffe en fente ou en placage, etc., sur des
sujets d'une certaine grosseur; elles se soudent plus difficile-

ment, et il arrive souvent que le cœur du sujet se détruit avant que la greffe n'ait eu le temps de le recouvrir complètement. Dans ces conditions, un choc soudain peut amener la rupture de la greffe d'avec le sujet. Si les greffes sont faites de rameaux ligneux d'une grosseur égale au sujet, cet inconvénient a rarement lieu. Dans les greffes herbacées qu'on fait de cette façon, quelques jours suffisent à la greffe pour recouvrir complètement la plaie du sujet.

Pour greffer une plante ou un arbre quelconque, le sujet doit être en séve, mais ne doit pas recevoir la greffe dans le moment de sa plus forte végétation; c'est lorsque la séve du sujet commence à prendre son essor qu'il convient d'y appliquer la greffe. Lorsqu'on greffe en couronne, le sujet doit être un peu plus avancé en végétation; on doit profiter du moment où l'écorce se pèle ou se détache de l'aubier, mais les greffes pourront être moins avancées. Quant aux greffes herbacées, il est préférable qu'elles soient faites aussitôt que les pousses sont suffisamment développées, plutôt que de les faire lorsqu'elles commencent à se développer; on ne devra pas non plus attendre qu'il n'y ait plus assez de séve, car alors la reprise ne pourrait plus s'effectuer.

Pour les plantes tropicales qui végètent presque constamment dans nos serres chaudes et tempérées, cet inconvénient n'est pas d'une aussi grande importance que pour les plantes qui se reposent complètement, ou qui perdent leurs feuilles pendant la période de repos; les greffes herbacées peuvent s'y faire, pour ainsi dire, en toute saison.

Si une plante pousse trop vigoureusement et ne veut pas fleurir, on peut parfaitement l'y disposer en la greffant plusieurs fois sur elle-même ou sur un sujet différent; les greffes étant autant de nœuds obstruant le passage de la séve doivent évidemment contrarier la vigueur et disposer la plante à fleurir plus tôt.

Les greffes herbacées doivent être faites avec un greffoir bien effilé. Elles doivent être ligaturées immédiatement, soit avec des lanières de nattes ou liber de tilleul, de la laine, etc. Elles doivent être ensuite mastiquées avec de la cire à greffer qu'on peut faire soi-même, en faisant fondre sur le feu 40 pour 100 de poix noire, 40 pour 100 de résine, 30 pour 100 de suif, et 10 pour 100 de sable. Ce mélange doit être fondu dans un appareil ou dans un pot sur le feu; on ne doit l'employer que lorsqu'il est assez refroidi pour qu'il ne brûle pas les greffes. On a inventé dans ces dernières années diverses sortes de mastic à greffer, qu'on peut employer à froid. A défaut de mastic d'aucun genre, on peut coller les greffes avec un peu de terre glaise qu'on entoure d'une bande en toile ou en coton, pour que l'eau ne puisse l'enlever et la faire tomber.

92. — Les ouvrages qui traitent de la greffe en décrivent un grand nombre, dont la plupart n'ont qu'une importance secondaire pour la pratique horticole; nous nous bornerons tout simplement à décrire les modes les plus employés pour la greffe des plantes de serre chaude et tempérée.

93. — La greffe en fente est une opération par laquelle on ampute une plante quelconque pour servir de sujet à une autre. On pratique ensuite à l'endroit amputé une fente verticale de 2 à 3 centimètres de profondeur, de façon à diviser le sujet en deux; on introduit ensuite dans la fente le rameau pourvu de feuilles qui doit servir de greffe, après l'avoir taillé en biseau de chaque côté, de façon à ce que les parties du

sujet soient bien appliquées sur celles de la greffe; ensuite, on ligature la plaie et on l'enduit de cire à greffer ou de terre argileuse enveloppée d'un linge.

94. — La greffe par approche consiste à réunir plusieurs sujets ensemble, et à placer au milieu la plante dont les rameaux doivent servir de greffe. On applique ensuite un de ces rameaux sur la tige de chacun de ces sujets, en les taillant nettement à la profondeur voulue, en joignant les deux plaies de façon à ce qu'il n'existe aucun intervalle, et en les fixant solidement l'une contre l'autre au moyen d'une bonne ligature en laine; on enduit ensuite les plaies avec de la cire à greffer ou de la terre argileuse, comme pour la greffe en fente. On surveille le moment de la reprise, et on pince l'extrémité du sujet au fur et à mesure que la greffe prend du développement, afin de déterminer la séve à s'y porter davantage.

95. — La greffe en couronne se pratique ordinairement sur des sujets d'une certaine grosseur, qu'il serait dangereux de fendre en deux. Après avoir coupé horizontalement le sujet, on fend légèrement l'écorce et on écarte les deux côtés avec la spatule du greffoir, ou on enfonce un petit coin de bois entre l'écorce et l'aubier, afin de l'écarter et de pouvoir y introduire la greffe, après l'avoir taillée en bec de flûte à la base sur une longueur de 2 à 3 centimètres, de manière à ce qu'il reste le moins de bois possible; on ligature ensuite le tout, et on enduit de cire comme pour les autres greffes.

96. — La greffe en pochets consiste à faire une entaille oblique sur le côté de la tige du sujet avec la pointe du gref-

foir, entre l'écorce et l'aubier, et dans laquelle on enfonce la greffe après l'avoir taillée en biseau des deux côtés de la base, de manière à remplir complètement l'entaille ; on ligature ensuite le tout autour de la tige, et on enduit de cire à greffer. Ce mode de greffe est avantageux en ce qu'on peut conserver le sujet intact ; s'il arrivait que la greffe ne réussît pas, il ne se trouve nullement endommagé.

Fig. 8.

Fig. 9.

97. — La greffe herbacée sur les racines est appelée à rendre de grands services à l'horticulture, lorsqu'elle sera bien comprise et pratiquée sur une vaste échelle. La figure 8 représente une greffe d'*Aralia crassifolia* sur une racine d'*Aralia parasitica*. La figure 9 représente une bouture de *Coffea arabica*, sur laquelle nous avons greffé une petite racine d'une autre espèce, et A, sur le talon de la bouture.

Cette petite racine ne tarda pas à se souder et à pousser. Nous avons ensuite rempoté cette bouture dans un godet plus grand, à mesure que les racines se développaient, et au bout d'un mois, elles tapissaient déjà les parois du pot. Nous avons ainsi, à l'aide de ce procédé, multiplié les plantes qui s'enracinent difficilement par le bouturage, comme les *Aralia trifoliata*, *leptophylla*, *crassifolia*, etc., *Coffea*, *Strychnos*, etc. Ces divers procédés pourraient s'appliquer à la propagation du plus grand nombre de plantes tropicales; mais pour que la réussite en soit assurée, il y a certaines précautions à prendre, telles que les laisser le moins long-temps possible à l'air, choisir des racines bien naturelles ayant quelques ramifications, et opérer avec un instrument bien tranchant. Ce mode de propagation offrirait d'immenses avantages pour le bouturage des plantes rebelles à s'enraci-ner, comme les *Heritiera macrophylla*, *Chrysophyllum macrophyllum*, *Aralia crassifolia*, etc., qui mettent quel-quefois une année et plus à s'enraciner de boutures, et en-core la majeure partie dépérit-elle souvent, après s'être con-servée pendant deux ans sous cloche. En pratiquant ces sortes de greffes, qu'on peut faire en toute saison sous cloche, dans les serres et sous châssis, on arriverait à propager les plantes les plus rebelles au bouturage en fort peu de temps.

98. — Les greffes herbacées sur les tiges ont lieu pour la plupart des plantes ligneuses de serre chaude et tempérée. Les soins à leur donner consistent à les étouffer pendant les premiers jours, afin que l'action de l'air ne puisse les faire périr. Les *Allamanda*, *Clerodendron*, *Hibiscus*, *Pavetta*, *Ixora solanum*, etc., se greffent fréquemment de cette façon dans les serres chaudes et tempérées.

99. — Les soins à donner à ces différents modes de greffes herbacés sont à peu près les mêmes ; ils consistent à les étouffer jusqu'à ce que les vaisseaux séyeux se soient soudés ensemble et que la greffe se soit suffisamment alimentée par le sujet sur lequel elle se trouve posée. Il n'est pas nécessaire, comme pour les boutures, de leur donner de la chaleur au pied ; il suffit seulement qu'elles soient étouffées pendant les premiers jours de l'opération, à l'endroit même où elles sont cultivées. Pendant qu'elles sont sous cloche, on doit les visiter souvent, pour éviter que l'humidité ne puisse compromettre le succès de l'opération, en essuyant l'intérieur afin d'en enlever l'excédant.

100. — Aussitôt que la greffe et le sujet commencent à se souder, on donne de l'air une ou deux heures par jour au commencement, et on augmente insensiblement à mesure que la greffe se trouve alimentée par le sujet. Quelques jours avant de les retirer de dessous les cloches, on écarte les ligatures, afin qu'elles ne puissent gêner le passage de la séve du sujet dans la greffe, et lorsqu'on s'est assuré que celle-ci est reprise, et qu'il n'y a plus à craindre la flétrissure, on enlève les cloches et on les abandonne à la température ordinaire de la serre.

REVUE DES PLANTES D'AGRÉMENT

QU'IL CONVIENT DE CULTIVER EN SERRE CHAUDE ET TEMPÉRÉE.

Broméliacées.

Les plantes de cette famille sont fréquemment cultivées dans les serres d'amateurs. De nombreuses introductions nouvelles étant venues dans ces dernières années augmenter le nombre déjà très-considérable et très-varié de ces belles plantes, dont un grand nombre vivent en épiphytes dans leur pays natal. On les cultive avec succès sur des souches en bois garnies de *sphagnum*, à la manière des *Orchidées*, et elles produisent pour la plupart des fleurs très-élégantes. Quelques espèces produisent des fruits succulents, tels que l'*Ananas*, qui constitue aujourd'hui une branche de culture très-considérable en Europe, où on fait un commerce très-grand de ses fruits. Il existe de l'*Ananas* cultivé des variétés charmantes, à feuilles panachées, *Ananassa sativa variegata*, qui sont ornementales au plus haut degré et des plus recherchées pour l'ornementation des serres.

Liste choisie d'espèces qui méritent la culture en serre chaude et tempérée.

	PATRIE.	OBSERVATIONS.
Æchmea, R. et Pav.		
1 — fulgens, Ad. Brong...	Amérique mér.	1. Les fleurs et les bractées sont d'un beau rouge corail nuancé de violet.
2 — Melinoni, Ad. Brong..	Guyane.	
3 — suaveolens, K. et W.	Brésil.	

	PATRIE.	OBSERVATIONS.

Ananassa, Lin.
4 — Pinangensis varieg... Amérique.
5 — Porteana foliis varieg. Philippines.
6 — Sativa variegata..... Amérique.

Bilbergia, Thumb.
7 — Amæna, Lindl....... Rio-Janeiro.
8 — Liboniana, de Joughe. Brésil.
9 — Leopoldi, K. Koch... Brésil.
10 — pyramidalis, Lindl... Rio-Janeiro.
11 — Rhodocyanea, C. Lem. Brésil.
12 — thyrsoidea, M. Hook.. Brésil.

Bromelia, Linné.
13 — bracteata, Wild...... Jamaïque.
14 — discolor, Lin........ Amérique mér.
15 — Karatas, Lin........ Antilles.
16 — sceptrum, Feuzl..... Afrique.

Cryptanthus.
17 — zonatus giganteus, Vis. Brésil.

Disteganthus.
18 — basilateralis, C. Lem. Cayenne.

Echinostachys.
19 — Pinelianus......... Brésil.

Eucholirion.
20 — Yonghii, Lib....... Brésil.

Guzmannia, Ruiz. et Pav.
21 — tricolor, Ruiz. et Pav. Guayaquil.

Hechtia.
22 — Joinvilleana .... Amérique.
23 — Pitcairniæfolia, Hort.
      Berol............. Mexique.
24 — Yuccæfolia .... Mexique.

Hohenbergia, Klotsch.
25 — Strobilacea, Schult... Amér. tropicale.

Melinonia.
26 — rubiginosa......... Amér. tropicale.

OBSERVATIONS.

6. Les feuilles sont largement rubanées de blanc jaunâtre; c'est une des plantes les plus ornementales pour la serre chaude.

7. Bractées d'un joli rose vif, sépales d'un beau vert pâle, avec les pétales vert jaunâtre et bleues vers la partie supérieure.

9. Feuilles zonées; fleurs longues, charnues, à calice rouge foncé et à corolle bleue.

11. Fleurs roses et bleues en épis, avec les bractées roses et très-nombreuses.

12. Les fleurs, d'un beau rose, rouge et bleu violacé, sont disposées en épis garnis de jolies bractées roses.

16. Espèce très-vigoureuse de serre tempérée l'hiver, et qui supporte parfaitement le plein air l'été.

17. Espèce peu vigoureuse; les feuilles sont zébrées sur les deux faces et d'un très-bel effet.

18. Espèce très-épineuse, produisant des fruits dans le genre de l'ananas, et dont les graines mûrissent parfaitement dans les serres.

20. Plante très-belle, à feuillage violet glaucescent, très-propre à l'ornementation des serres chaudes.

21. Hampe garnie d'écailles lancéolées, terminée par un épi de fleurs accompagnées de bractées marquées de lignes rouge ponceau; corolle blanche.

23. Feuillage blanc farineux, réuni en touffes; propre à garnir les suspensions dans les appartements.

25. Plantes à feuilles linéaires arrondies, propres à garnir les fissures des rocailles dans les serres chaudes ou tempérées.

	PATRIE.	OBSERVATIONS.
Nidularium, L'Herit.		28. Feuilles ondulées pourpre violacé en dessous, au centre desquelles s'élève un épi garni de bractées d'un beau rouge vif.
27 — fulgens	Amérique.	
28 — S. Innocenti, Hortul.	Amér. mérid.	
Pitcairnia, L'Herit.		29. Feuilles florales rouges, enveloppant un épi oblong, formant un cône garni de bractées rouge vif et orangé, et de fleurs blanches et jaunes.
29 — Altensteini, Lem	Colombie.	
30 — nubigena, Pl. et Lind.	Colombie.	
31 — staminea, Lodd	Brésil.	31. Feuilles d'un très-beau rouge.
32 — tabulæformis, Lind.	Mexique.	
Pourretia, R. et Pav.		32. Les feuilles sont aplaties en forme de table, formant un singulier effet dans les serres chaudes.
33 — Mexicana, Lind	Mexique.	
Tillandsia, Linné.		34. Épis garnis d'écailles rouges garnies de fleurs violacées.
34 — bulbosa picta, Hook.	Ile de la Trinité.	
35 — ionantha, Planch	Brésil.	36. Feuilles ornées de bandes transversales noirâtres; les fleurs, d'un blanc jaunâtre, sont disposées en épis aplatis, garnis d'écailles rouge vif ayant un peu la forme d'une plume d'oie.
36 — splendens, Ad. Brong.	Guyane.	
37 — zebrina	Brésil.	
Vriesia, Lindl.		
38 — glaucophylla, Hook.	Santa Martha.	
39 — Psittacina, Lindl.	Brésil.	39. Feuilles linéaires vert jaunâtre; les fleurs sont entourées d'une bractée rouge et jaune d'un très-bel effet.
40 — splendens, Hort. Paris	Guyane.	

La plupart des *Broméliacées* exigent la serre chaude pour bien prospérer, ou au moins une bonne serre tempérée. Elles se plaisent très-bien dans les serres à *Orchidées,* où règne ordinairement une atmosphère chaude, humide, et contribuent puissamment à leur ornementation. Plusieurs espèces se prêtent particulièrement aux garnitures d'appartements, où elles se conservent fraîches pendant longtemps. La terre de bruyère brute, tourbeuse, mélangée de *sphagnum,* et un sous-sol fortement drainé, conviennent beaucoup au plus grand nombre des *Broméliacées.* Leur multiplication a lieu par le bouturage. Les couronnes et les œilletons qui poussent au pied s'enracinent rapidement sur couche chaude en toute saison.

Gesnériacées.

La plupart des plantes de cette famille sont des plus ornementales pour la serre chaude et tempérée, et contribuent pour une large part à leur ornementation au moment où les fleurs font généralement défaut dans les serres. Les *Gesneria* et les *Gloxinia* sont cultivés en pots et fleurissent abondamment pendant tout l'été; ils sont employés en grand nombre aux garnitures d'appartements. Les *Achimènes* et les *Tydœa* se plaisent dans les serres à *Orchidées*, où on peut les planter en bordures sur les tablettes et les gradins, de façon à faire retomber leurs jolis rameaux qui se couvrent de fleurs pendant longtemps. Les espèces les moins voraces peuvent être plantées çà et là sur les paniers d'*Orchidées* qu'elles garnissent avantageusement. D'autres sont très-propres à orner les suspensions dans les serres et les appartements.

Choix d'espèces ornementales par leur belle et abondante floraison, ou par leur feuillage coloré.

	PATRIE.	OBSERVATIONS.
Achimenes, R. Br. (Gesnériées).		1. Feuilles rugueuses, poilues, à nervure médiane blanche; les fleurs, d'un beau rouge écarlate vif, tranchent agréablement sur la couleur bronzée des feuilles.
1 — cupreata, Benth.....	Nelle-Grenade.	
2 — grandiflora, Dne.....	Mexique.	
3 — longiflora, D. C......	Mexique.	
4 — Ocellata, Hook......	Panama.	
5 — Patens, Benth.......	Mexique.	5. Fleurs d'un beau pourpre violacé, étoilées et crénelées.
		6. Feuilles très-grandes et très-ornementales; fleurit parfaitement en serre chaude.
Alloplectus, Mart. (Besleriées).		
6 — Schlimi, Lind.......	Nelle-Grenade.	7. Feuillage moins grand que le précédent.
7 — speciosus, Hort......	Nelle-Grenade.	

	PATRIE.	OBSERVATIONS.

Columnea, Plum. (Beslériées).

8 — Schiedeana, Schlecht. Mexique.
9 — Aurantiaca, Dne..... Andes de Mérida.

Eucodonopsis.

10 — nægelioïdes, Hort. Van Houtte........... Hybride.

Gesneria, Lin. (Gesnériées).

11 — elongata, H. B. Kunth. Amér. mérid.
12 — Douglasii, Lindl..... Brésil.
13 — Clausseniana, H..... Brésil.

Gloxinia, Hook (Gesnériées).

14 — speciosa, Lodd...... Brésil.

Mandirola, Dec. (Gesnériées).

15 — lanata, P. Br........ Mexique.

Nægelia, Regel (Gesnériées).

16 — amabilis, Hortul..... Mexique.
17 — cinnabarnia, Hook... Mexique.
18 — — ignea, Lind... Mexique.
19 — Gardnerii, Hook..... Brésil.
20 — Geroltiana, Kth..... Mexique.
21 — Pardina, Hook...... Brésil.
22 — zebrina, Paxt....... Amér. australe.

Tapeinotes.

23 — Carolinæ, Wawra ... Brésil.

Tydæa Dec. (Gesnériées).

24 — amabilis, Hort....... Nelle-Grenade.
25 — magnifica, Hort..... Nelle-Grenade.
26 — picta, Benth........ Mexique.
27 — Warcewiczii, Hort... Nelle-Grenade.

OBSERVATIONS.

8. Fleurs longues, jaunes, et panachées de brun.

9. Fleurs pendantes, d'un beau jaune orangé ; fleurit pendant tout l'hiver dans les serres chaudes.

10. Plante très-florifère, d'un haut mérite ornemental pour la serre chaude.

11. Fleurs longuement pédonculées, écarlates, et poilues en dehors.

13. Fleurs d'un beau rouge, en grappes pendantes, simples et terminales ; fleurit en été.

14. Il existe dans le commerce des variétés ravissantes et très-nombreuses de cette espèce.

16. Les fleurs, d'un blanc pur à l'intérieur et jaune doré à la gorge, apparaissent en panicules terminales.

17. Les feuilles, d'un beau vert velouté à reflets rougeâtres, sont hautement ornementales ; les fleurs, du vermillon le plus éclatant, apparaissent en panicules terminales pendant tout l'été.

22. Les feuilles sont très-ornementales ; les fleurs, rouges en dessus et jaunes en dessous, sont très-nombreuses, et apparaissent sur des grappes dressées ou inclinées.

24. Les fleurs sont rose tendre moucheté de carmin, et les feuilles velouté vert obscur.

27. Les fleurs, à corolle orangé et à lobes arrondis, rouges, carminés vif, ponctuées de pourpre violacé sur toute la surface intérieure, apparaissent en fortes panicules terminales.

Les *Gesnériacées* peuvent être divisées en deux sections : la première comprendra les espèces bulbeuses ou à rhizômes écailleux, comme les *Gesneria, Achimènes, Tydœa, Euco-donopsis, Gloxinia, Nœgelia, Mandirola*, etc., qui exigent la serre chaude ou au moins une bonne serre tempérée. Elles prospèrent admirablement dans un mélange composé de bonne terre de bruyère tourbeuse et de bon terreau de feuilles, auxquels on peut ajouter un peu de terre franche. Les vases dans lesquels on les cultive doivent être forte-ment drainés, et les plantes tenues sur des tablettes rap-prochées de la lumière. La meilleure saison pour les mettre en végétation est le printemps, afin de pouvoir en garnir les serres pendant l'été, qui sont généralement dépourvues de fleurs en cette saison. Après la floraison on laisse sécher les plantes, et on les place avec leurs pots sur les tablettes ou sous les gradins, à sec, jusqu'au moment de les remettre en végétation au printemps suivant. Toutes se multiplient de feuilles pendant la période de la végétation, et en divisant leurs bulbes ou leurs rhizômes écailleux.

Le deuxième groupe, qui comprend les espèces ligneuses, comme les *Alloplectus, Columnea, Tapeinotes*, etc., peuvent se cultiver comme des plantes ordinaires dont on diminue les arrosements pendant la période du repos. Elles se multiplient facilement de boutures sur couche chaude et à l'étouffée, en toute saison, dans les serres.

Bégoniacées.

Depuis longtemps déjà les *Begonia* sont cultivés dans les serres, mais ce n'est que depuis l'apparition du fameux *Begonia rex* que ces plantes firent sensation dans le monde hor-ticole, et que l'attention des amateurs s'est dirigée vers ces belles plantes. On a obtenu de cette espèce un grand nombre de variétés très-remarquables, qui sont aujourd'hui d'une grande ressource pour l'ornementation des serres et les garnitures d'appartements. Quelques espèces supportent la pleine terre l'été et y constituent des massifs charmants de verdure et de fleurs. Nous allons indiquer les espèces qu'il conviendrait de cultiver pour l'ornementation des serres chaudes et tempérées, ou des appartements. Celles dont le nom est précédé d'un astérisque supportent parfaitement la pleine terre pendant la belle saison.

	PATRIE.	OBSERVATIONS.
Begonia, Lin.		1. Espèce magnifique, à feuillage garni d'un duvet soyeux, d'un beau rouge et très-abondant, surtout sur les jeunes feuilles; les fleurs sont blanches, très-belles et odorantes.
1 — Bettina Rotschild....	Hybride.	
2 — * discolor, R. Br.....	Chine.	
3 — — hybrida...	Chine.	
4 — * fuchsioïdes miniata Pl. et Lind........	Colombie.	4. Fleurs pendantes, d'un beau rouge écarlate vif; très-propre à fleurir les parterres bien exposés pendant la belle saison.
5 — grahamii Wight.....	Indes orientales.	
6 — imperialis...........	Mexique.	6. Petite miniature à feuillage richement orné et velouté.
7 — Léopoldiana........	Indes orientales.	
8 — Malabarica, Lamk...	Malabar.	9. Les fleurs, d'un beau rose, apparaissent en panicules terminales pendant tout l'été.
9 — * manicata palmata..	Amérique.	
10 — Pearci, Hort. Vertch.	Indes.	
11 — Prestoniensis, Hort..	Hybride.	11. Se couvre de jolies fleurs rouge cinabre pendant toute la belle saison.
12 — Princesse Charlotte..	Hybride.	
13 — Rex, J. Ptz........	Assam.	13. Feuilles très-grandes, cordiformes, gauffrées, acuminées, denticulées, d'un beau vert bronzé moiré, ayant vers le milieu une large bande blanc d'argent du plus bel effet.
14 — — Dsse de Brabant.	Assam.	
15 — — imperator, Lind.	Assam.	
16 — — Leopardina, Lind.	Assam.	15. Variété magnifique.
17 — * Ricinifolia, Hort....	Brésil.	16. Variété vert bronzé, avec la ceinture blanc d'argent, et de nombreuses macules argentées.
18 — — maculata......	Brésil.	
19 — * sanguinea, Braddl..	Brésil.	

Bégonia, Lin.	PATRIE.	OBSERVATIONS.
20 — subpeltata rubra	Hybride.	**20.** Espèce magnifique, à feuillage rouge noirâtre ; propre aux garnitures d'appartements et à la pleine terre l'été.
21 — * — albo rubra.	Hybride.	
22 — * tomentosa, Bot. Mag.	Indes.	
23 — Verschaffeltii, C. Lem.	Mexique.	**23.** L'une des meilleures espèces, fleurissant beaucoup pendant l'hiver, et qui convient particulièrement pour les garnitures d'appartements.
24 — Victoria, Lind.......	Indes.	

Les espèces destinées à l'ornementation des serres et des appartements, se plaisent en serre chaude et dans une bonne terre de bruyère tourbeuse, mélangée de *sphagnum* et d'un bon drainage dans le fond des pots. Elles prospèrent également très-bien étant cultivées dans le *sphagnum* pur, fixé entre les pierres, sur les rochers et les rocailles dans les serres chaudes et tempérées, et y développent de grandes et belles feuilles.

Celles qui peuvent être livrées à la pleine terre doivent être plantées dans des massifs de terre de bruyère et rempotées à l'automne, pour les rentrer en serre tempérée, où elles doivent passer l'hiver pour être remises en pleine terre au printemps suivant.

Les espèces à grand feuillage se multiplient avec une grande facilité de boutures de feuilles, qu'il suffit d'étaler sur le sol, en serre chaude et sous châssis, en faisant des incisions aux nervures à l'endroit où on veut obtenir une plante, et en les fixant sur le sol avec quelques crochets en bois, afin de les mettre en contact avec celui-ci. Toutes les espèces qu'on cultive en pleine terre l'été se multiplient avec une grande facilité de boutures herbacées sous cloche en toute saison.

Marantacées.

La tribu des *Marantacées* est sans contredit l'une de celles qui s'est enrichie le plus rapidement. A peine, il y a quelques années, en connaissait-on quelques espèces. Grâce aux belles introductions récentes qui vinrent en augmenter le nombre, aujourd'hui on en cultive environ une centaine d'espèces, ornementales pour la plupart au plus haut degré. Les *Maranta*, par leurs beaux feuillages, sont très-propres à l'ornementation des serres chaudes et tempérées, et un grand nombre sont employés aux garnitures d'appartements. Nous allons donner les noms de quelques espèces et variétés propres à l'ornementation des serres, dont un grand nombre peuvent servir en même temps à orner les appartements.

	PATRIE.	OBSERVATIONS.
Maranta, Plum.		
1 — albicans, ad Brong. .		1. Feuilles lancéolées vert tendre, lavées de blanc argenté vers le bord.
2 — albo lineata, Hort....	Colombie.	
3 — Argyræa, Hort.	Brésil.	3. Feuilles très-grandes, rayées de blanc argenté sur fond vert luisant en dessus et rouge pourpre en dessous.
4 — bicolor, Ker........	Brésil.	
5 — discolor............	Brésil.	6. Feuilles rayées de blanc sur fond vert luisant à la partie supérieure, et pourpres en dessous.
6 — eximia, Hortul......	Brésil.	
7 — fasciata, Hort. Lind. .	Colombie.	7. Feuilles très-larges, à bords ondulés, d'un beau vert foncé, marquées de bandes d'un très-beau blanc.
8 — glumacea, Hort. Par.	Brésil.	8. Feuilles jaune roussâtre à la face supérieure, à centre d'un jaune doré sur fond vert.
9 — grenowegeniana,Hort. Berol.	Amérique.	14. Espèce magnifique, à grandes et belles feuilles dressées, à nervure médiane blanche, cernée de chaque côté d'une large bande de même couleur que le centre.
10 — Jagoriana,Hort.Berol.	Amérique.	
11 — Lindeniana, Wallis ..	Pérou.	

	PATRIE.	OBSERVATIONS.

Maranta, Plum.

12 — metallica, Hort. Berol. Chico.

13 — micans, Hortul...... Pérou.

14 — orbifolia, Hort. Lind. N^{elle}-Grenade.

15 — ornata, Hortul....... Colombie.

16 — pardina, Hort........ N^{elle}-Grenade.

17 — Pavonina, Lind...... Brésil.

18 — picturata, Lind...... Rio Purus.

19 — Porteana, Hortul.... Philippines.

20 — Prieureana, Hort. Par. Brésil.

21 — Pulchella, Lind...... Id.

22 — regalis, flore .... Lima.

23 — roseo picta, Lind. ... Haut-Amazone.

24 — rotundifolia, Hort.... Amérique.

25 — Riedeliana, Hort..... Brésil.

26 — sanguinea, Hort..... Id.

27 — splendida, Hort. Vers. Para.

28 — strieta, Hort....... Philippines.

29 — vaginata ....·. Brésil.

30 — Van den Heckei, H. Versch........... Para.

31 — Veitchi, Hort .... Pérou.

32 — Virginalis, Lind..... Maynas.

33 — Warcewiczii, L. Mat. Amér. centrale.

34 — zebrina, Sims....... Brésil.

OBSERVATIONS.

13. Petite miniature à feuilles vert tendre maculées de vert foncé luisant, lavées de blanc d'argent à la nervure médiane.

14. Feuilles très-grandes, fasciées, à bords ondulés, d'un beau vert foncé, marquées de bandes blanchâtres.

15. Feuilles lancéolées vert glauque, et rouge cuivré en dessous.

19. Feuilles zébrées, d'un beau blanc porcelaine sur un fond vert foncé en dessus, et pourpre clair en dessous.

22. Feuilles très-longues, lignées de bandes roses ou blanchâtres, se détachant sur un fond vert, disparaissant souvent par suite d'une trop grande vigueur de la plante.

23 Espèce nouvelle, très-ornementale, et dont les feuilles sont pictées de rose et blanc, et entourées d'une bordure de même couleur.

26. Feuilles dressées, lancéolées, ponctuées de rouge sang ; le fond est vert clair en dessus, et rouge pourpre vineux satiné en dessous.

31. Espèce magnifique, marquée d'une autre couleur vers le milieu de la feuille; très-propre à orner les serres chaudes.

33. Espèce ornementale par son beau feuillage.

34. Feuilles très-grandes, d'un beau rouge pourpre vineux velouté et zébré.

La plupart des *Maranta* exigent la serre chaude humide pour bien prospérer, et d'être assez rapprochés de la lumière. Ils prospèrent admirablement dans les serres où on peut les disposer sur une bâche renfermant une faible chaleur souterraine. La terre de bruyère brute et tourbeuse, mélangée de bon terreau de feuilles et d'un peu de terre franche, leur convient beaucoup. Les *Maranta,* de même que la plupart des plantes de serre chaude cultivées en pots, doivent avoir le fond fortement drainé. Les arrosages doivent être fréquents pendant la période de la végétation, et très-modérés pendant celle du repos. Leur multiplication a lieu généralement par la division des touffes, et de semis pour les espèces dont on peut s'en procurer des graines. Ils produisent aussi des pseudo-bulbes ou racines bulbiformes, dans le fond des pots qui peuvent servir à la reproduction, en les plaçant sous l'in-fluence d'une forte chaleur souterraine, mais ils sont ordinai-rement très-longtemps pour se développer.

Aroïdées.

Ces végétaux constituent un des plus beaux groupes du règne végétal. Naguère encore on n'en connaissait qu'un petit nombre d'espèces et variétés. Aujourd'hui qu'un grand nombre de ces belles plantes à grand feuillage ornemental sont venues en augmenter le nombre, un volume suffirait à peine pour les énumérer toutes. La plupart exigent la serre chaude ou une bonne serre tempérée, et leur mérite orne-mental consiste uniquement dans leur beau feuillage qui con-tribue puissamment à l'ornementation des serres. Quelques espèces supportent la pleine terre pendant la belle saison, où elles développent des feuilles de plus de 1 mètre de longueur sur autant de diamètre, disposées en forme de bouclier sur des pétioles de 1m 50 de hauteur environ. Les noms précédés d'un astérisque sont les espèces qui servent à l'ornementa-tion des jardins pendant l'été, et qui doivent être rentrées en serre tempérée l'hiver. Toutes les autres réclament la serre chaude ou la serre tempérée.

	PATRIE.	OBSERVATIONS.
Alocasia, Roy.		**1.** Feuilles très-belles et très-ornementales, ressemblant à un large bouclier bronzé.
1 — cuprea, K. Koch.... Bornéo.		
2 — gigantea,Hort.Makoy. id.		**4.** Feuilles très-ornementales; les nervures sont saillantes et d'un beau blanc d'ivoire, avec le dessous violet.
3 — longiloba, Hort. Makoy.............. id.		
4 — Lowi, Hort......... id.		
5 — macrorhiza, Schott.. Ceylan.		**6.** Variété magnifique, à feuillage panaché de blanc.
6 — — variegata....... id.		**7.** Feuilles très-grandes, dressées, et d'une belle couleur métallique.
7 — metalica, Schott..... Bornéo.		
8 — tigrina, Hort. Makoy. id.		**9.** Feuilles très-belles, à nervures saillantes, d'un beau blanc d'ivoire sur un fond bronzé.
9 — Veitchii, Hort. Veitch. id.		
10 — zebrina, Hort. Philippines.		
Amorphophallus, Blume.		**10.** Feuilles très-grandes, à pétioles zébrés de vert brunâtre.
11 — campanulatus, Bl. et Dne............. Ile de la Sonde.		**11.** Feuilles très-grandes, à pétiole zébré de vert blanchâtre d'un très-bel effet.
12 — nivosus, Hort. Vers. Brésil.		**12.** Feuilles très-grandes, portées sur un pétiole admirablement zébré de diverses couleurs.
13 — * sp. de Chine....... Chine.		
Anthurium, Schott.		**17.** Feuilles très-grandes, cordiformes, à nervures d'un beau blanc d'argent sur un fond vert moiré, avec le pétiole quadrangulaire.
14 — crassinervium,Schott. Caracas.		
15 — Galeotti, Lind....... Mexique.		
16 — leuconeurum ...... Nelle-Grenade.		
17 — magnificum, Lind... id.		**18.** Feuilles coriaces, d'un beau vert foncé, portées sur un pétiole très-allongé; fleur écarlate très-brillant, se conservant pendant très-longtemps dans les serres.
18 — Scherzerianum, Schot. Guatémala.		
19 — regale, Lind........ Haut-Amazone.		
Asterostigma.		**20.** Plante ornementale par le pétiole de la tige admirablement zébré.
20 — zebrina, Lind....... Brésil.		
Caladium, Vent.		**21.** Feuilles petites, largement maculées de blanc.
21 — argyrites, Ch. Lem.. id.		
22 — Baragiuni, Hercq.... id.		**23.** Feuilles admirables, à fond blanc veiné de vert.
23 — Belleymei, Hort..... id.		

Caladium, Vent.	PATRIE.	OBSERVATIONS.
24 — bicolor, Vent	Brésil.	**24.** Le centre de la feuille est coloré de rouge vif, qui contraste agréablement avec le vert qui l'entoure.
25 — splendens	id.	
26 — Chantini, Ch. Lem...	id.	
27 — mirabile, Hort. Veit.	id.	**27.** Feuilles d'un beau vert foncé, maculées et ponctuées de blanc.
28 — Neumannii, Ch. Lem.	id.	**28.** Feuilles d'un beau vert luisant, maculées de larges taches d'une belle couleur rose vive.
29 — pictum, D. C	id.	
30 — Thelemannii........	id.	
31 — Wendlandii	id.	
32 — Vightii.............	id.	**32.** Feuilles vert velouté, maculées de rose et de blanc.

Un grand nombre de variétés nouvelles, très-méritantes, obtenues récemment de semis, par M. Bleu, pharmacien à Paris, viennent d'être livrées au commerce pour la première fois; ce sont :

Caladium, Vent.	PATRIE.		OBSERVATIONS.
33 — Alphand, A. Bleu.	{ Hybride obtenu	de semis.	**33.** Feuilles très-grandes, à nervures du centre rouges; le limbe est maculé de belles taches de même couleur avec le bord vert foncé.
34 — A. Adam,	id.	id.	
35 — A. Bleu,	id.	id.	
36 — A. Michaux,	id.	id.	
37 — A. Karr,	id.	id.	
38 — A. Rivière,	id.	id.	**39.** Feuilles grandes, maculées de larges taches et petits points blancs, sur un fond vert sombre.
39 — Auber,	id.	id.	**40.** Variété à grand feuillage et l'une des plus ornementales.
40 — Barillet,	id.	id.	**41.** Feuilles moyennes, à nervures fortement marquées de rouge vers le centre, avec le limbe maculé et bordé de vert.
41 — Barral,	id.	id.	
42 — Bᵒⁿ de Rothschild,	id.	id.	
43 — Bellinii,	id.	id.	**44.** Feuilles acuminées, profusément maculées de blanc sur fond vert foncé.
44 — Beethoven,	id.	id.	**46.** Feuilles un peu gauffrées, à centre rose et fond vert pâle, maculé de la même couleur.
45 — Boieldieu,	id.	id.	
46 — Ch. Verdier,	id.	id.	**48.** Feuilles maculées de rouge vif sur un fond vert tendre.
47 — Chantini fulgens,	id.	id.	
48 — de Candolle,	id.	id.	**49.** Feuilles vertes, à centre finement réticulé rose pâle, et maculées de blanc sur le limbe.
49 — Devincq,	id.	id.	

	PATRIE.	OBSERVATIONS.

Caladium, Lin.

			OBSERVATIONS
50 — Dʳ Lindley,	A. Bleu.	Hybride obtenu de semis.	**50.** Feuilles réticulées de blanc verdâtre, à nervures du centre rouges sur un fond vert.
51 — Dʳ Bois-Duval,	id.	id.	
52 — Duc de Morny,	id.	id.	**52.** Feuille de grandeur moyenne, à centre rouge, bordée de vert.
53 — Duc de Ratibor,	id.	id.	
54 — Duchartre,	id.	id.	
55 — Ed. André,	id.	id.	**55.** Feuilles vertes, à centre rose, à nervures saillantes rouge vif, et maculé de taches roses sur le limbe.
56 — Ed. Monceaux,	id.	id.	
57 — E.-G. Henderson,	id.	id.	**57.** Feuilles très-grandes, nervées et pointillées de rose.
58 — Halévy,	id.	id.	
59 — Impér. Eugénie,	id.	id.	**59.** Feuilles très-élégantes, vivement nervées de rose, à centre pointillé gris pâle bordé de vert.
60 — Isidore Leroy,	id.	id.	
61 — Keteleer,	id.	id.	**60.** Feuille marquée de rouge au centre, sur un fond vert sombre luisant.
62 — Lamartine,	id.	id.	
63 — L. Poirier,	id.	id.	
64 — Lucy,	id.	id.	**67.** Feuilles gigantesques, à nervures très-rouges, maculées sur le limbe de quelques taches blanc rosé.
65 — Mᵐᵉ Duteil,	id.	id.	
66 — Mᵐᵉ Duval,	id.	id.	
67 — Mᵐᵉ E. Andrieu,	id.	id.	**68.** Feuilles d'un beau vert, profusément maculées de rose et de blanc.
68 — Mᵐᵉ Houllet,	id.	id.	
69 — Mˢᵉ de Cazaux,	id.	id.	**70.** Feuilles vert cuivré, à nervures rouge sang ; le centre est vert bronzé et les bords vert sombre.
70 — Mars,	id.	id.	
71 — Meyerbeer,	id.	id.	**71.** Variété magnifique, issue du C. Belleymei ; le fond est blanc, avec les nervures du centre rouges et le tour vert foncé.
72 — Mozart,	id.	id.	
73 — Napoléon III,	id.	id.	
74 — Reine Victoria,	id.	id.	**73.** Feuilles assez grandes, à centre rose, maculées sur le limbe et bordées de vert.
75 — Rossini,	id.	id.	
76 — Siebold,	id.	id.	**77.** Feuilles très-grandes réticulées de rose, à nervure saillantes rouge vif.
77 — Triomphe de l'Exposition,	id.	id.	

Colocasia, Ray.

		OBSERVATIONS
78 — albo violacea	Indes.	**80.** Plante curieuse, dont les feuilles portent sur la nervure médiane de la face inférieure un large appendice foliacé.
79 — antiquorum, Schott..	id.	
80 — appendiculata, Schott.	Amazone.	
81 — atro-virens........	Indes.	**82.** Plante excessivement vigoureuse, dont les feuilles peuvent abriter plusieurs cavaliers dans son pays natal.
82 — Barilletii, Lind.	Pérou.	

	PATRIE.	OBSERVATIONS.

Colocasia, Ray.

83 — * Bataviensis, Hort.. Nelle-Hollande.
84 — * esculenta, Schott.. Amér. méridle.
85 — euchlora, Schott.... Indes.
86 — Maracaïbensis....... id.
87 — * nymphæfolia, Smith. Bengale.
88 — * odora, Brug....... Pégu.
89 — * Sallieri, Hort...... Indes.

Dieffenbachia, Schott.

90 — auriculata.......... Brésil.
91 — Baraquiniana, Hort.. id.
92 — costata, Hort....... id.
93 — grandis, Hort. Vers.. id.
94 — seguine caule macu-
lata, Hort........ Brésil.
95 — Weirii............. Nelle-Grenade.

Homalonema, Schott.

96 — Wendlandii........ Indes.

Lasia, Lour.

97 — heterophylla........ Indes.

Massovia.

98 — cannæfolia, Schott... Cumana.

Monstera Adans.

99 — Adansonii, Schott.... Amériq. équatle.
100 — deliciosa, Liebm... Indes orientales.

Philodendron, Schott.

101 — bipinnatifidum, Hort. Brésil.
102 — crinipes, Ad. Brong. id.
103 — fessum .... id.
104 — imbe, Schott....... id.
105 — incisum.......... id.
106 — Lindenii Wallis.... Équateur.
107 — quercifolium ...... Brésil.
108 — Simsi, Hort........ Amériq. du Sud.
109 — tripartitum, Hort... Caracas.

83. Espèce rustique et très-vigoureuse, supportant parfaitement la pleine terre pendant la belle saison.

84. Plante vigoureuse propre à planter en pleine terre l'été.

85. Feuilles très-grandes, ondulées, d'un beau vert foncé, atteignant de fortes dimensions en pleine terre.

87. Feuilles très-grandes, d'un beau vert tendre, à pétioles blanchâtres ; convient très-bien pour la pleine terre l'été.

88. Feuilles dressées, très-larges, cordiformes ; spathe odorante ; vert jaunâtre ; fruits rouges.

91. Plante hautement ornementale pour la serre chaude; les feuilles ont le pétiole d'un beau blanc et atteignent de grandes dimensions.

95. Espèce nouvelle, maculée de jolies taches jaune doré d'un très-bel effet.

96. Feuilles très-grandes et très-ornementales.

98. Feuilles ornementales ; produit des fleurs blanches d'un très-bel effet dans les serres chaudes.

100. Propre à planter dans le bassin d'une serre chaude ; les feuilles sont très-grandes et perforées de tous côtés ; les fruits sont très-bons à manger et ressemblent à un cône de sapin.

106. Espèce nouvelle, dont les tiges sarmenteuses grimpent ou se palissent dans les serres; les feuilles sont colorées et d'un très-bel effet.

109. Espèce très-vorace, convenant particulièrement pour orner les rocailles et les endroits humides dans les serres chaudes et tempérées.

	PATRIE.	OBSERVATIONS.
Pothos, Lin.		110. Jolie petite miniature à feuillage admirablement panaché de blanc; convient pour orner les suspensions dans les serres ou les appartements.
110 — Argyræa	Brésil.	
111 — cordata, Lin.......	Amériq. équat^{le}.	
112 — glauca, Wall.......	Amériq. du Sud.	
113 — longifolia..........	Brésil.	
114 — lucida............	id.	
Remusatia, Schott.		112. Produit des feuilles très-longues, dressées, coriaces; d'un très-bel effet étant plantée dans les rocailles en serre chaude.
115 — vivipara, Schott....	Népaul.	
Sauraumatum, Schott.		116. Inflorescence très-curieuse; spathe longue de 40 à 50 centimètres, maculée cramoisi sur un fond jaune, et d'un carmin rosé en dessous; spadice très-long simulant une queue de lézard.
116 — guttatum, Schott...	Népaul.	
Schismatoglottis, Schott.		
117 — pictus	Brésil.	
118 — variegatus........	Id.	
Schizocasia, Schott.		119. Feuilles atteignant un mètre et plus de hauteur, d'un beau vert sombre à la face supérieure et vert glauque en dessous, profondément échancrées et d'un très-bel effet.
119 — Portei, Schott......	Philippines.	
Scindapsus, Schott.		
120 — pinnatifidus, Schott.	Indes.	
Spatiphyllum, Schott.		120. Feuilles découpées et très-ornementales.
121 — Fréderickii	Brésil.	
Steudnera, Schott.		121. Feuilles cordiformes, vert bleuâtre; spathe très-grande, d'un beau pourpre foncé à l'extérieur et jaune orangé à l'intérieur.
122 — Colocasiæfolia, K. Koch...........	Chiapas.	
Syngonium, Schott.		124. Feuillage cordiforme, à nervures très-saillantes, et admirablement coloré sur le limbe.
123 — Schottianum.......	Brésil.	
Typhonum, Schott.		
124 — divaricatum, D^{no} ...	Ceylan.	125. Feuilles cordiformes, très-larges et d'un bel effet.
Xanthosoma, Schott.		
125 — erubescens, Hort...	Indes.	128. Feuilles sagittées aiguës; spathe ovale, concave, capuchonnée et d'un beau vert jaunâtre.
126 — hastæfolia........	Amériq. équat^{le}.	
127 — Mafaffa	Indes.	
128 — sagittæfolia, Schott.	Amériq. équat^{le}.	
129 — versicolor	Indes.	130. Feuilles très-belles, à pétiole violacé; variété *albo violacea*.
130 — violacea, Desf......	Antilles.	

Par leur mode de végétation, les Aroïdées peuvent être divisées en trois groupes :

Le premier comprend les *Amorphophallus, Caladium,*

Asterostigma sauromatum, etc., dont les bulbes doivent être laissés à l'état complet de repos pendant quatre ou cinq mois de l'année; ordinairement on les met en végétation au printemps, pour avoir les serres garnies pendant l'été, et on les laisse sécher vers la fin, en les plaçant tout simplement sous les gradins ou dans les parties les plus sèches de la serre tempérée, jusqu'au moment de les remettre en végétation. Leur multiplication a lieu par division, ou en coupant l'œil terminal du tubercule au moment de le mettre en végétation, pour le forcer à développer tous les yeux latents qui se trouvent à l'entour.

Le second groupe, qui comprend les *Alocasia, Colocasia, Typhonium schizocasia, Xanthosoma*, etc., à végétation très-vigoureuse pendant l'été, et dont la saison de repos consiste seulement à diminuer les arrosements, afin de maintenir la plante presque à sec jusqu'au moment où recommence la végétation; alors on leur fait un rempotage avec de la terre nouvelle, et bientôt les plantes reprennent leur vigueur et leur développement habituel. Pour les espèces qui se cultivent en pleine terre l'été, il suffit de rentrer les couches après leur avoir supprimé les feuilles les plus grandes, soit sous les gradins d'une serre tempérée bien sèche, soit dans une cave bien éclairée, légèrement aérée, et bien saine. Au premier printemps, lorsque recommence la végétation, on les rempote à neuf, et on les remonte sur les tablettes ou les gradins de la serre chaude ou tempérée. Quelque temps avant de les sortir pour les planter en pleine terre, on les sort dans la serre froide, où on leur donne de l'air pour les habituer insensiblement à la température extérieure. On les multiplie également par division, et de boutures sur couche chaude à l'étouffée.

Pour le troisième groupe, qui comprend les *Anthurium,*
Dieffenbachia, Homalonema, Lasia, Massovia, Monstera,
Philodendron, Pothos, Schismatoglottis, Scindapsus,
Spatiphyllum, Stendnera, Syngonium, etc., et dont la
végétation se ralentit seulement pendant l'hiver, et ne s'arrête
pas complètement, il suffit de diminuer les arrosements. On
peut également donner au printemps un rempotage à neuf à
celles qui en auraient besoin. Leur multiplication se fait de
boutures herbacées ou de tronçons de tige sur couche chaude
et à l'étouffée.

Fougères.

§ Ier. — Espèces arborescentes.

Le nombre d'espèces de Fougères de serre chaude et tempérée, cultivées aujourd'hui dans les serres, est très-considérable. Naguère encore, connaissait-on à peine quelques
espèces de fougères arborescentes, qu'on rencontrait çà et là
dans les jardins botaniques. Depuis quelques années, les
grands établissements d'horticulture ont introduit un nombre
tellement considérable de troncs de ces majestueux végétaux,
qu'aujourd'hui, ils sont déjà très-communs dans les serres
d'amateurs. Quelques espèces provenant de l'Australie, de la
Nouvelle-Zélande, de la Nouvelle-Galles du Sud, supportent
parfaitement le plein air dans les jardins, où on les dispose
dans le voisinage ombragé des pièces d'eau pendant la belle
saison. On trouve aujourd'hui dans le commerce un choix
considérable de fougères arborescentes. L'établissement
Linden est peut-être celui qui en introduit le plus grand
nombre ; il en possède au-delà d'une centaine d'espèces en

7.

ce moment, dont nous donnons ici les noms des plus remarquables.

	PATRIE.	OBSERVATIONS.
Alsophila, Br. 2 Mart. (Cyathéacées).		
1 — aculeata, J. Sms....	Brésil.	4. Espèce très-rustique, de serre tempérée, froide l'hiver, et qui supporte parfaitement le plein air pendant la belle saison.
2 — Amazonica, Lind....	Amazone.	
3 — armata, Pr.........	Brésil.	
4 — Australis, Br.......	Australie.	
5 — Capensis, J. Sms....	Cap.	11. Troncs atteignant trois et quatre mètres dans nos serres, terminés par une belle couronne de frondes tripennées d'un très-bel effet; plus délicate que la précédente, elle est aussi moins vigoureuse, et supporte moins bien le plein air pendant l'été.
6 — compta, Mart.......	Brésil.	
7 — contaminans, Wall...	Java.	
8 — denticulata, Bchb, f.	Brésil méridnal.	
9 — elegans, Mart.......	Brésil.	
10 — elegantissima, Lind..	Ste-Catherine.	
11 — excelsa, Br.........	Australie.	15. Espèce moins vigoureuse, à frondes légèrement recourbées, et très-propre à orner les serres tempérées; plantée en pleine terre dans les serres et les jardins d'hiver, dans les parties un peu humides et ombragées, elle fait beaucoup d'effet.
12 — ferox, Br..........	Brésil.	
13 — gigantea, Wall......	Assam.	
14 — Phagiopteris, Mart..	Brésil.	
15 — procera, Kaulf......	id.	
16 — pruinata, Kaulf.....	Mexique.	
17 — pygmea, Lind.......	Brésil.	
18 — radicans, Kaulf.....	id.	20. L'une des plus belles espèces pour la serre tempérée; ses grandes frondes retombantes sont d'un très-bel effet ornemental; supporte mal le plein air, même pendant l'été.
19 — Schaffneriana, Fée..	Mexique.	
20 — Schiedeana, Cr......	id.	
21 — subaculeata, Splitz...	Antilles.	
22 — Taemtis, Hook.....	Brésil.	
Balantium, Kaulf. (Polypodiacées).		23. Le tronc atteint parfois trois et quatre mètres de hauteur, sur un mètre de circonférence à la base, portant à l'extrémité une forte couronne de grandes et belles frondes tripennées d'un très-bel effet; supporte parfaitement le plein air à l'ombre pendant l'été.
23 — antarticum, Pr......	Australie.	
24 — culcita, Kaulf.......	Madère.	
25 — Sellowianum, Pr....	Brésil.	
Blechnum, Lin. (Polypodiacées).		
26 — occidentale, Lin.....	Amér. tropicale.	27. Tige arborescente, atteignant jusqu'à 50 et 60 centimètres de hauteur.
27 — Brasiliense, Lin.....	Brésil.	

	PATRIE.	OBSERVATIONS.

Cibotium, Kaulf. (Polypodiacées).

28 — Cumingi, Kze .... Java.
29 — glaucescens, Kze.... Philippines.
30 — princeps, Lind...... Chiapas.
31 — Schiedei, Schlecht... Mexique.

Cyathea, Sw. (Cyathéacées).

32 — aculeata, Willd ..... Brésil.
33 — Beirichiana, Pr...... id.
34 — dealbata, Sw....... Nelle-Zélande.
35 — elegans, Hew....... Jamaïque.
36 — excelsa, Sw......... Madagascar.
37 — funebris, Lind...... Nelle-Calédonie.
38 — medullaris, Sw...... Nelle-Zélande.
.39 — microlepis, Lind.... Brésil.
40 — Schanschini, Mart... id.

Dicksona, L'Hérit. (Polypodiacées).

41 — arborescens, L'Hérit. Ile Ste-Hélène.
42 — chrysotrica......... Ile de la Sonde.
43 — Smithi, Hook....... Philippines.
44 — squarrosa, Sw ...... Nelle-Zélande.

Didymoclæna, Dew. (Polypodiacées).

45 — sinuosa, Desw...... Amér. tropicale.

Diplazium, Sw. (Polypodiacées).

46 — arboreum .... Jamaïque.

Hemitelia, Br. (Cyathéacées).

47 — acuminata......... Brésil.

Lomaria, Kse. (Polypodiacées).

48 — cycadæfolia, Colla... Amér. méridle.
49 — gibba, Lab........ Nelle-Zélande.

Toodea, Willd. (Osmondacées).

50 — pellucida carm...... Nelle-Zélande.

OBSERVATIONS.

30. L'une des plus gigantesques et des plus majestueuses fougères arborescentes connues ; le tronc s'élève à deux et trois mètres de hauteur dans nos serres, et les frondes très-nombreuses atteignent parfois sept et huit mètres de longueur sur quatre de largeur.

34. Espèce magnifique dont le tronc très-épais atteint environ deux mètres de hauteur dans nos serres, portant une couronne épaisse de belles frondes tripennées, vert foncé à la face supérieure et blanc argenté à la face inférieure.

36. Espèce atteignant quatre et cinq mètres de hauteur dans nos serres, portant à l'extrémité une couronne de frondes d'un très-bel effet.

38. Le tronc et les pétioles sont couverts de poils noirâtres ; les frondes atteignent parfois quatre mètres de longueur dans les serres.

44. Espèce superbe, couverte de poils rouge vineux ; frondes très-belles, à texture coriace et luisante en dessus

45. Tronc atteignant environ 25 centimètres de hauteur.

47. Le tronc atteint environ un mètre de hauteur dans nos serres.

48. Tronc atteignant un mètre de hauteur dans nos serres, sur autant de circonférence à la base ; les frondes ressemblent à celles des Cycas, sont coriaces, dressées et très-nombreuses.

49. Espèce splendide, dont le tronc atteint environ 50 ou 60 centimètres dans nos serres.

II. — Espèces herbacées.

Les Fougères herbacées contribuent puissamment à l'ornementation de nos serres chaudes, tempérées, et tempérées-froides. Quelques espèces accompagnent avantageusement les Orchidées, soit pour garnir le dessous des gradins, pour y faire des bordures, etc. Nous donnons ci-contre les noms d'un choix d'espèces ornementales, parmi les nombreuses espèces et variétés cultivées aujourd'hui.

	PATRIE.	OBSERVATIONS.
Angiapteris, Hoff. (Maratiacées).		3. Souche volumineuse donnant naissance à deux ou trois grandes feuilles; le pétiole atteint souvent la grosseur du bras, et les frondes cinq et six mètres de hauteur.
1 — Ascensionis, J. Sm...	I. de l'Ascension.	
2 — Brongniarti, de Vr...	Taïti.	
3 — evecta, Hoff	Ceylan.	
4 — gigantea, Miq.......	Java.	4. Espèce à végétation vigoureuse, atteignant de fortes proportions dans nos serres chaudes et tempérées.
5 — Manillensis, Lind....	Manille.	
6 — pruinosa, Kze,......	Java.	
7 — Teysmanniana, de Vr.	Sumatra.	
8 — Twaitesii, Kl	Ceylan.	
9 — Willinki, Miq	Java.	11. Espèce vigoureuse, propre à planter sur les rocailles et dans les parties les plus ombragées des serres chaudes et tempérées; convient également pour les garnitures d'appartements.
Adiantum, Lin. (Polypodiacées).		
10 — reniforme, Lin......	Madère.	
11 — trapeziforme, Lin....	Amér. tropicale.	
12 — formosum,. R. Br....	Nelle-Zélande.	13. Peut être employée aux mêmes usages que la précédente.
13 — tenerum, Sw	Amér. tropicale.	
14 — assimile, Sw........	Australie.	
15 — concinnum, X. B. K..	Amér. tropicale.	16. Espèce très-ornementale pour la serre chaude; elle forme une couronne épaisse de frondes longues, finement pennées, donnant parfois naissance à de jeunes individus sur la nervure médiane.
Asplenium, Lin. (Polypodiacées).		
16 — Bellangerii, Kze	Java.	
17 — funiculaceum, H. B..	Mexique.	
18 — furcatum, Sw	Indes.	
19 — proliferum, Lam	id.	19. Produit également des jeunes individus sur les feuilles.
20 — viviparum, Presl	Maurice.	

	PATRIE.	OBSERVATIONS.
Aspidium, Sw. (Polypodiacécs).		
21 — macrophyllum, Sw...	Amér. tropicale.	22. Frondes recouvertes comme d'une poussière farineuse.
Cheilanthes, Swz. (Polypodiacées).		
22 — formosa, Kaulf......	Indes.	26. Frondes ténues; très-propres à orner les serres et les appartements.
23 — lentigera, Sw.......	Amér. tropicale.	
24 — microphylla, Sw.....	id.	
25 — lentigera, Sw.......	id.	27. Frondes tomenteuses; convient également aux mêmes usages que la précédente.
26 — tenuifolia, Sw.......	Indes.	
27 — tomentosa, Lk......	Mexique.	
Davallia, Smith (Polypodiacées).		28. Rhizome épais; propre à orner les serres tempérées froides.
28 — Canariensis, Sw.....	Canaries.	
29 — dissecta, Sw........	Java.	
30 — tenuifolia, Sw.......	Indes.	30. Feuilles petites; propre à garnir les serres chaudes et tempérées.
Diplazium, Sw. (Polypodiacées).		
31 — striatum, Presl.......	Amér. tropicale.	31. Frondes bipennées; convient très-bien pour l'ornementation des serres chaudes et tempérées.
Drynaria, Bory. (Polypodiacées).		
32 — coronans, J. Sms....	Indes.	
Gleichemia, Smith (Gleicheniées).		34. Rhizome grêle et rampant; les frondes ténues et très-divisées sont des plus élégantes; cette espèce forme des touffes épaisses atteignant parfois un mètre de hauteur sur autant de diamètre dans nos serres chaudes et tempérées.
33 — flabellata, R. Br....	Australie.	
34 — dichotoma, Hook....	Amér. tropicale.	
35 — dicarpa, R. Br......	Australie.	
Gymnogramma, Desv. (Polypodiacées).		
36 — calomelanos, Kaulf..	Amér. tropicale.	37. Frondes petites, recouvertes d'une poussière jaune doré en dessous.
37 — chrysophylla, Kaulf..	Indes.	
38 — Peruviana, Desv....	Pérou.	
39 — — argirophylla....	id.	39. Variété recouverte d'une poussière blanche en dessous des frondes; d'un bel effet ornemental dans les serres chaudes.
40 — sulphurea, Desf.....	Indes.	
41 — tartarea, Desv......	Amér. tropicale.	
42 — tomentosa, Desv....	id.	
Hemionitis, Lin. (Polypodiacées).		42. Frondes tomenteuses et d'un très-bel effet.
43 — palmata, Lin........	Indes.	
Hypolepis, Bernh. (Polypodiacées).		43. Frondes palmées donnant naissance à de jeunes individus sur toutes ses parties.
44 — tenuifolia, Bernh....	Australie.	

	PATRIE.	OBSERVATIONS.
Lygodium, Swartz (Glei-cheniées).		
45 — flexuosum, Sw......	Indes.	46. Espèce grimpante propre à orner les colonnades dans des serres chaudes et tempérées.
46 — scandens, Sw.......	id.	
Lonchitis, Lin. (Polypodiacées).		
47 — pubescens, Kaulf....	Amériq. méridle	47. Souche très-grosse, émettant de grandes frondes pubescentes, tripennées; convient beaucoup pour l'ornementation des serres chaudes.
Marattia, Sw.(Marattiées).		
48 — cicutæfolia, Kaulf....	Brésil.	
Nephrolepis, Sch. (Polypodiacées).		
49 — exhaltata, Schott.	Amér. tropicale.	49. Très-propre à orner les serres chaudes et tempérées ; prospère très-bien dans les parties humides et ombragées de la serre.
50 — Davallioïdes, J. Sms.	Java.	
Nephrodium, L. C. Rich. (Polypodiacées).		
5 — molle, Schott.......	Amér. tropicale.	51. Convient également pour l'ornementation des serres.
Nipholobus, Kaulf. (Polypodiacées).		
52 — rupestris, Spreng...	Australie.	52. Propre à orner les serres tempérées froides.
Platycerium, Desv. (Polypodiacées).		
53 — stemaria, Desv......	Afriq. tropicale.	54. Rhizome épais, développant une sorte d'expansion foliacée, enveloppant les parties qui l'environnent; très-propre pour orner les suspensions, on la fixe sur des morceaux de bois à la manière des Orchidées.
54 — grande, J. Sms	Java.	
Polypodium, Lin. (Polypodiacées).		
55 — aureum, Lin........	Guyane.	55. Frondes pennées, très-longues et dressées; convient pour orner les lieux rocailleux et humides dans les serres chaudes et tempérées.
56 — crassifolium, Lin....	Amér. septentle.	
57 — irioides, Poir.......	Indes.	
58 — pectinatum, Lin.....	Amér. tropicale.	
59 — phymatodes, Lin....	Indes orientales.	
Pteris, Lin.(Polypodiacées)		
60 — argyræa, Hort. Weit.	Indes.	60. Frondes atteignant souvent un mètre de hauteur, argentées, et d'un très-bel effet dans les serres chaudes.
61 — Cretica, Lin........	Ile de Crète.	
62 — — albo lineasa	id.	
63 — serrulata, Lin.......	Chine.	63. Espèce très-recherchée pour les garnitures d'appartements.
64 — tricolor, Lind.......	Assam.	
Trichomanes, L. (Hymenophyllées).		
65 — radicans, Sw	Amér. tropicale.	65. Fougère très-élégante et très-propre pour l'ornementation des serres chaudes et tempérées.
66 — reniforme, Forst....	Nelle-Zélande.	
Woodwardia, Sw. (Polypodiacées).		
67 — radicans, Sw........	Madère.	67. Espèce à frondes pennées et très-développées ; produit également de jeunes individus sur son feuillage.

Lycopodiacées.

Ces miniatures sont très-propres à la formation des bordures en serre chaude et tempérée, et pour orner les rocailles. Elles doivent être fortement drainées, surtout lorsqu'elles sont cultivées dans des vases, et on doit leur donner une bonne terre de bruyère tourbeuse; elles exigent des arrosements fréquents pendant la période de la végétation, et très-modérés pendant celle du repos. Quelques espèces présentent des phénomènes fort intéressants, entre autres le *L. lepidophyllum*, qui entre en léthargie à certaines époques de l'année et paraît complètement desséché, tandis qu'étant ensuite placé à l'humidité, il revient promptement à la vie. Les espèces qu'on peut cultiver avec le plus de succès en serre chaude et tempérée sont les :

Lycopodium (Selaginella).	PATRIE.	OBSERVATIONS.
— apoda, Pal. Beauv...	Amér. méridle.	**1.** Petite miniature pour former des bordures dans les serres chaudes humides et ombragées.
2 — atro-viridis spr......	Indoustan.	
3 — caulescens spr.....	Java.	Ces charmantes petites plantes, rappelant un peu l'aspect de quelques mousses, sont très-propres pour orner les serres chaudes. Le *S. denticulata* spr., la plus anciennement introduite, est celle que l'on emploie généralement pour former les pelouses dans les serres chaudes, tempérées, et même dans les jardins d'hiver, où la température descend fréquemment à deux et trois degrés au-dessous de zéro; on la cultive aussi en potées que l'on utilise avantageusement aux garnitures d'appartements.
4 — erythropus spr......	Amér. méridle.	
5 — flabellata spr.......	Colombie.	
6 — flexuosa spr........	Brésil.	
7 — inequalifolia spr.....	Java.	
8 — lævigata spr........	Asie.	
9 — lyalli spr..........	Madagascar.	
10 — stolonifera spr......	Indes occidales.	
11 — uncinata spr........	Chine.	
12 — viticulosa, Klotsch...	Colombie.	
13 — Vogellii spr........	De Fernando.	
14 — Wallichii, Hook.....	Amér. méridle.	

Palmiers.

L'introduction des Palmiers fut très-considérable en Europe dans ces dernières années, puisque au commencement de ce siècle on n'en connaissait qu'un nombre très-limité d'espèces et variétés cultivées dans les serres. Aujourd'hui, on trouve des collections spéciales renfermant au-delà de cinq cents espèces et variétés de ces nobles végétaux. Nous nous bornerons, dans le cadre restreint de ce travail, à en citer quelques espèces parmi les plus ornementales, et que l'on rencontre fréquemment dans le commerce :

	PATRIE.	OBSERVATIONS.
Areca, Lin. (Arecinées).		
1 — lutescens, Willd.....	Ile de France.	3. La tige atteint deux et trois mètres de hauteur, enveloppée par des pétioles larges et engaînants, de un à deux mètres de hauteur, portant des pinnules lancéolées de 50 à 60 centimètres de longueur.
2 — rubra, Bory	Bourbon.	
3 — sapida soland.......	N.lle-Zélande.	
4 — Verschaffeltii, Hort..	Ile de France.	
Arenga, Labill. (Arecinées).		
5 — saccharifera, Labill..	Molluques.	5. Produit des fibres noires et très-solides avec lesquelles on fait des balais.
Astrocaryum, C. W. Mey. (Cocoinées).		
6 — Ayri, Mart..........	Brésil.	7. Tronc très-court ; feuilles dressées, étalées, à pinnules nombreuses lancéolées et d'un beau vert foncé.
Attalea, H. B. et K. (Cocoinées).		
7 — spectabilis, Mart....	Brésil.	
Bactris, Jacq. (Cocoinées).		9. Feuilles nombreuses et serrées, vert glauque en dessous.
8 — major, Jacq	Carthagène.	
Brahea, Mart. (Coryphinées).		11. Espèce nouvelle et des plus ornementales pour la serre chaude.
9 — dulcis, Mart........	Mexique.	
Calamus, Lin. (Calamées).		12. Très-belle espèce de serre chaude.
10 — adpersus..........	Amér. méridle.	
11 — Impératrice Marie...	Philippines.	
12 — Verschaffeltii, Hort..	Séchelles.	

	PATRIE.	OBSERVATIONS.

Caryota, Lin. (Acerinées).

13 — sobolifera, Wall..... Malacca.

14 — urens, Lin .... Ceylan.

Ceroxylon, H. et B. (Acerinées).

15 — andicola, H. et B.... Quito.

16 — niveum........... Amér. méridle.

Chamædorea, Willd. (Arécinées).

17 — elatior, Mart.. .... Mexique.

18 — elegans, Mart....... id.

19 — Ernesti-Augusti, Vend. id.

Chamærops, Blume (Calamées).

20 — tomentosa, Hort .... Amér. méridle.

Cocos, Lin. (Cocoinées)..

21 — coronata, Mart...... Amér. méridle.

22 — flexuosa, Mart ...... Brésil.

23 — nucifera, Lin .... Molluques.

Corypha, Lin. (Coryphinées).

24 — umbraculifera, Lin... Malabar.

Dæmonorops, Blume (Calamées.

25 — melanochætes, Blume. Luçon.

Desmonchus, Mart. (Cocoinées).

26 — macracanthos, Mart.. Para.

Diplothemium, Mart. (Cocoinées).

27 — maritimum, Mart.... Brésil.

Elacis, Jacq. (Cocoinées).

28 — Guineensis, Lin ..... Amér. méridle.

Euterpe, Mart (Arécinées).

29 — edulis, Mart........ Brésil.

Geonomá, Willd. (Borrassinées).

30 — Schottiana, Mart.... Brésil.

31 — spixiana, Mart...... id.

32 — Verschaffeltii .... Amér. méridle.

Observations:

13. Produit des feuilles très-grandes à pinnules triangulaires, obliques, demi-rhomboïdales et dentées.

15. Palmier à cire ; très-propre à orner les serres chaudes.

18. Feuilles fines et glaucescentes portées sur une tige de un à deux mètres de hauteur dans nos serres.

21. L'un des plus beaux palmiers, et qui est très-recherché pour les garnitures d'appartements,

22. Espèce à feuilles dressées, flexueuses ; également recherchée pour l'ornementation des serres et des appartements.

23. Le cocotier cultivé pour ses fruits, qui sont comestibles et très-estimés. On en fait un commerce important à Paris, où on le vend dans les rues sous le nom de cocos d'Amérique ; cette espèce exige la serre chaude.

29. Espèce très-ornementale pour la serre chaude ; on la multiplie facilement de semis, et les jeunes plantes, au bout de deux ans, sont avantageusement employées aux garnitures d'appartements.

31. Espèce naine, à feuilles longues de 30 ou 40 centimètres, simples, lancéolées, bifurquées au sommet.

	PATRIE.	OBSERVATIONS.
riartea, R. et P. (Aréci-nées).		
33 — exorrhiza, Mart.....	Amazone.	
Jubæa, H. B. et K. (Co-coinées).		**35.** Espèce vigoureuse, développant de grandes et belles feuilles palmées dans les serres chaudes ; on en cultive un grand nombre en pots pour servir aux garnitures d'appartements pendant toute l'année entière et surtout pendant l'hiver.
34 — spectabilis, H. B. et K.	Amériq. du Sud.	
Latania, Commers. (Borassinées).		
35 — Borbonica, Lam.....	Ile Bourbon.	
36 — rubra, Jacq.........	Ile de France.	
37 — Verschaffeltii, Hort..	Bourbon.	
Licuala, Rumph. (Coryphinées).		**37.** Les pétioles, nervures médianes, et le bord des feuilles sont d'un beau jaune orangé.
38 — ˙ peltata, Roxb......	Indes orientales.	
Livistona, R. et B. (Coryphinées).		
39 — Australis, R. Br.....	Australie.	**39.** Tronc élevé ; feuilles très-grandes, en éventail, d'un beau vert foncé métallique ; propre à orner les serres tempérées froides, et à isoler sur les pelouses en plein air pendant l'été.
Martinezia, R. et Pav. (Cocoinées).		
40 — caryotæfolia, H. et K.	Amér. méridle.	
Œnocarpus, Mart. (Aréci-nées).		
41 — batana, Mart........	Rio Negro.	
Oreodoxa, Willd. (Aréci-nées).		**43.** Port très-gracieux ; les feuilles sont longuement pétiolées, portant des pinnules larges et d'un beau vert.
42 — sanchona, H. B. K...	Nelle-Grenade.	
Pinanga, Blum. (Aréci-nées).		
43 — latisecta, Blume.....	Java.	**44.** L'un des plus beaux palmiers à feuillage ornemental pour la serre chaude.
Phœnicophorium (Cocoi-nées).		
44 — Sechellarum........	Séchelles.	
Phœnix, Lin. (Coryphinées).		**46.** Feuilles lisses, d'un beau vert, garnies d'un grand nombre de pinnules fort élégantes ; la graine donne l'ivoire végétal.
45 — farinifera, Willd....	Indes.	
Phytelephas, R. et L. (Phytéléphasiées).		
46 — macrocarpa, Ruiz et P.	Amér. méridle.	

	PATRIE.	OBSERVATIONS.
Rhapis, Lin., f. (Coryphinées).		
47 — flabelliformis, Ait....	Chine.	**47.** Développe des touffes très-élégantes; les tiges sont grêles, garnies de fibres roses ou noirâtres, et les feuilles disposées en éventail.
48 — sierotsik	Amér. méridle.	
Sabal, Adans. (Coryphinées).		
49 — palmetto, Lodd	Caroline.	
50 — umbraculifera, Mart.	Cuba.	**50.** Feuilles très-grandes, en éventail, avec les pétioles très-allongées, et d'un beau vert métallique.
Scaforthia, R. Br. (Arécinées).		
51 — elegans, Roxb. Br...	Nelle-Hollande.	**51.** Espèce élevée à feuilles engaînantes, garnies de pinnules très-longues, gracieusement étalées et arquées.
52 — robusta............	Amér. méridle.	
Thrinax, Lin., f. (Coryphinées).		
53 — argentea, Lodd	Antilles.	**54.** Espèce nouvelle d'un haut mérite ornemental pour la serre chaude.
Verschaffeltia, Vendl.		
54 — splendida, H. Vendl..	Séchelles.	

Les Palmiers aiment un sol substantiel, fortement drainé. Lorsqu'ils sont jeunes, ils préfèrent une terre de bruyère mélangée avec un peu de terreau et de la terre franche, ou de bonne terre de jardin; au fur et à mesure qu'ils prennent du développement, on leur procure une terre plus substantielle. Les Palmiers ayant presque toujours des racines adventives, on doit avoir soin, en les rempotant, de les enterrer assez profondément pour qu'elles ne dépassent pas trop en dehors du sol.

Pour en obtenir de beaux spécimens, on les plante en pleine terre en serre chaude ou tempérée, où ils atteignent rapidement de fortes proportions, lorsqu'ils se trouvent ainsi dans le milieu qui leur convient.

Les Palmiers, en général, exigent une assez forte dose d'humidité pendant la période de la végétation, et pendant la saison de repos on les arrose très-modérément, pour éviter que les feuilles ne se tachent ou jaunissent par l'excès d'humidité, et le champignon parasite de s'y développer. Les petits Palmiers cultivés en pots aiment assez généralement un peu de chaleur de fond pour bien prospérer; c'est pourquoi les horticulteurs qui les cultivent spécialement enfoncent les pots sur des couches de tannée en fermentation, afin de leur procurer une chaleur souterraine douce et uniforme. Leur multiplication peut s'effectuer par division pour quelques espèces, et par semis pour le plus grand nombre.

Pandanées.

Les *Pandanus* sont cultivés pour l'ornementation des serres chaudes et tempérées, où ils se développent assez rapidement, surtout étant livrés à la pleine terre. Quelques espèces sont cultivées en pots et servent fréquemment pour les garnitures d'appartement; leur beau feuillage ornemental les font admettre aujourd'hui dans les collections de plantes de serre chaude et tempérée.

Les espèces suivantes sont celles qui nous paraissent présenter le plus d'intérêt parmi toutes celles qui sont cultivées aujourd'hui. Les espèces dont le nom est précédé d'un astérisque sont les plus employées aux garnitures d'appartements.

	PATRIE.	OBSERVATIONS.
Pandanus, Linné.		1. Feuilles non épineuses, tendres et larges, d'un beau vert glaucescent.
1 — amaryllidifolius, Rox.	Amboine.	3. Port élégant, à feuilles allongées, d'un beau vert tendre à épines blanches.
2 — blancoï, Hort. Lind. .	Ile Maurice.	
3 — bromeliæfolius, Lodd.	Amér. méridle.	4. Feuilles longues, finement dentées et d'un beau vert glauque.
4 — caricosus, Rumph. . .	Molluques.	

Pandanus, Linné.	PATRIE.	OBSERVATIONS.
5 — elegantissimus, Hort.	Madagascar.	7. Feuilles acuminées, canaliculées, d'un beau vert tendre et glauque, gracieusement arquées.
6 — graminifolius, Hort..	id.	
7 — inermis, Roxb......	Ile Maurice.	
8 — Javanicus var., Hort.	Java.	8. Feuilles élégamment panachées et très-épineuses; se cultive parfaitement dans l'eau des serres-aquarium.
9 — leucanthus, Hort. Ber.	Amér. méridle.	
10 — Mauritianus, Hort. Kew............	Ile Maurice.	11. Espèce nouvelle d'un très-grand mérite.
11 — ornatus...........	Amér. tropicale.	12. Espèce très-ancienne, mais qui convient beaucoup pour orner les serres, etc.
12 — utilis, Bory........	Madagascar.	

Les *Pandanus* demandent un sol et une température à peu près analogues aux Palmiers; ils prospèrent bien sous l'influence d'une chaleur humide très-élevée. Les arrosages et les seringages, de même que pour les Palmiers, doivent être fréquents pendant la période de la végétation, et modérés pendant celle de repos. On devra prendre bien garde de ne point laisser s'introduire d'eau dans le cœur de la plante, surtout pendant l'hiver, car la pourriture s'ensuivrait rapidement s'il arrivait qu'elle s'y introduisît pour y séjourner.

Les *Pandanus* se multiplient de semis comme les Palmiers; quelques espèces se multiplient facilement de boutures sur couche chaude et à l'étouffée.

Cycadées.

Les Cycadées sont cultivées pour l'ornementation des serres. La plupart sont des plantes bizarres portant d'énormes couronnes de feuilles ornementales, qui font beau-

coup d'effet dans les serres. Nous citerons seulement les espèces les plus remarquables :

	PATRIE.	OBSERVATIONS.
Ceratozamia, Brong.		**1.** Tige courte, épaisse, portant une couronne de feuilles gracieusement arquées, à folioles lancéolées glabres et d'un vert gai.
1 — Mexicana, Brgn.....	Mexique.	
2 — Migueliana, Vend....	id.	
Cycas, Linné.		**3.** Tige courte, portant une couronne volumineuse de feuilles très-longues, à folioles lancéolées, écartées et planes au-dessus.
3 — circinalis, Lin.......	Malabar.	
4 — zuminiana, Gart., fl.	Manille.	
5 — revoluta, Thumb....	Chine.	**5.** Feuilles très-nombreuses, à folioles linéaires et pointues, d'un beau vert luisant.
Dion, Lindl.		
6 — edule, Lind........	Mexique.	**6.** Feuilles simulant une arête de poisson, très-raides et pointues.
Encephalartos, Lehm.		
7 — caffra, Thumb	Amérique.	**8.** Tige grosse, cylindrique, garnie d'une couronne de feuilles longues et larges, trifurquées, vert glauque.
8 — horridus, Lehm.....	Afrique.	
9 — Lehmannii, Ecklon..	id.	
Macrozamia, Miq.		**10.** Feuilles très-longues, à folioles linéaires arquées ; écailles et cônes très-velus.
10 — eriolepis, A. Brong..	Nelle-Hollande.	
11 — fraserii, Miq........	id.	**13.** Tronc élevé cylindrique, portant une couronne de 30 à 40 frondes, très-longues, à folioles arquées, entières et piquantes.
12 — preissii, Lehm......	id.	
13 — spiralis, Miq:......	id.	
Stangeria.		**14. 15.** Espèces très-curieuses, dont les frondes ressemblent à celles de certaines Fougères ; fruits en cônes allongés et très-volumineux.
14 — Magellanica........	Magellan.	
15 — paradoxa, Hook.....	Port-Natal.	
Zamia, Lin.		**18.** Tige arrondie et grosse, portant une couronne de feuilles à folioles armées d'aiguillons courts et droits ; propre à orner les serres chaudes.
16 — integrifolia, Ait.....	Saint-Domingue.	
17 — media, Miq.........	Indes orientales.	
18 — muricata, Willd.....:	Vénézuela.	**19.** Feuilles à folioles distantes, garnies d'épines, d'un beau vert foncé à reflets métalliques en dessus et vert clair en dessous.
19 — Skinnerii, Hort. Ch..	Amérique.	

Les Cycadées, de même que les Palmiers, aiment une terre

substantielle, beaucoup d'arrosements pendant la période vé-
gétative, et à être maintenus presque à sec pendant celle de
repos. La plupart se contentent de la serre tempérée et même
de la serre froide. On les multiplie par semis sur couche
chaude, ou en éclatant les turions qui poussent souvent au
pied du tronc, que l'on traite comme des boutures.

LISTE CHOISIE

DE

PLANTES DE SERRE CHAUDE ET TEMPÉRÉE.

Achras, Willd. (Sapotées).
1 — sapota, Willd.................... Amérique.

Achyranthes, Willd. (Amarantacées).
2 — Verschaffeltii, Ch. Lem............. Mexique.

Adansonia, Willd. (Sterculiacées).
3 — digitata, Willd.................... Sénégal.

Adelaster.
4 — albo venosus, Lindl................ Pérou.

Ægle, Corr. (Aurantiacées).
5 — marmelos, H. K.................... Indes.

Æschynanthus, Jack. (Cyrtandracées).
6 — pulcher, Al. Dec.................. Java.
7 — speciosus, Hook................... id.
8 — tricolor, Hort.................... Bornéo.

Afzelia, Sims. (Légumineuses).
9 — Africana, Sims .... Sierra-Leone.

Agatophyllum, Juss. (Laurinées).
10 — aromaticum, Lin .... Madagascar.

Allamanda, Willd. (Apocynées).
11 — aubletiana, Pohl .... Guyane.
12 — neerifolia, Ad. Brong............. Mexique.
13 — scholii, Pahl.................... Brésil.

Aloe, Tour. (Liliacées).
14 — soccotrina, Duc .... Ile Socotora.

Alternanthera, Forsk. (Amarantacées).
15 — paronychioïdes.................. Malabar.
16 — sessilis var. amæna, Ch. Lem .... Amérique.
17 — spathulata, Ch. Lem.............. id.

PATRIE.

Alpinia, Willd (Zingibéracées).
18 — nutans, Roxb .... Indes orientales.

Amomum, Rose. (Zingibéracées)
19 — granum paradisi, Lin............... Indes.
20 — zingiber, Lin...................... id.

Anacardium, Willd. (Anacardiacées).
21 — occidentale, Lin.................. Amérique méridl.

Andropogon, Willd. (Graminées).
22 — schœnanthus, Willd .... Indes.
23 — squarrosum, Lin .... id.

Anona, Ad. (Anonacées).
24 — cherimolia, Lamk.................. Pérou.
25 — muricata, Lin.................... Antilles.
26 — squamosa, Lin................... Indes.

Antiaris, Lesch. (Artocarpées).
27 — toxicaria, Lesch.................. Java.

Aphelandra, R. Br. (Acanthacées).
28 — cristata, H. K..................... Indes.
29 — Leopoldii, Carr................:... Brésil.
30 — Liboniana, Lind.................. id.
31 — ornata, Lind.................... Amérique.

Aralia, Don. (Araliacées).
32 — reticulata, Hortul................ Océanie.

Ardisia, Willd. (Myrsinées) .
33 — crenata, Bot. mag................ Indes.
34 — crenulata, Vent .... Mexique.
35 — hymenandra, Wall.............. Sylhet.

Argyræa, Lour. (Convolvulacées).
36 — nervosa......................... Amériqne.

Aristolochia, Willd. (Aristolochiées).
37 — cordifolia, Mutis................. Amérique méridl.
38 — leuconeura, Lind.............:... Nouvelle-Grenade.

Artabotrys, R. Br. (Anonacées).
39 — odoratissima, Blume .... Java.

Artanthe, Miq. (Piperacée).
40 — cordifolia, Lind .... Brésil.

Artocarpus (Artocarpées).
41 — incisa, Lin .... Iles Marianes.
42 — integrifolia, L. fils............... Indes.

PATRIE.

Aspidistra, Ker. (Liliacées).
43 — elatior, Blume .... Chine.
44 —   — angustifolia, Hort .... id.
45 —   — variegata, Hort .... id.
46 —   — punctata, Hort............... id.
47 — lurida, Ker...................... id.

Astrapæa, Lindl. (Buttnériacées).
48 — Wallichii, Ker .... Madagascar.

Ataccia, Presl. (Taccacées).
49 — cristata, Kunt................... Malaisie.
50 — pinnatifida, Lin .... Indes orientales.

Averrhoa, Lin. (Oxalidées).
51 — carambola, Lin................... Indes.

Bæobotrys, Wahl. (Myrsinées).
52 — trichotoma...................... Amérique.

Balanites, Lin. (Xyméniées)
53 — Ægyptiaca, Delile .... Égypte.

Banisteria, Willd. (Malpighiacées).
54 — chrysophylla, Willd.............. Brésil.

Barringtonia, Willd. (Lécythidées).
55 — racemosa, Hort .... Archipel indien.
56 — speciosa, Rumph................ Indes.

Beaumontia, Wahl. (Apocynées).
57 — grandiflora, Wall................ Népaul

Beloperone, Nées. (Acanthacées).
58 — amherstiæ, Nées .... Brésil.
59 — pulchella, Lind .... Amérique centrale.

Bertholletia, H. et B. (Lécythidées).
60 — excelsa, H. et B. .... Para.

Bertolonia (Mélastomacées).
61 — ænea, Ndn...................... Brésil.
62 — guttata, Hook................... Brésil méridional.
63 — margaritacea, Hort .... Brésil.
64 — pubescens...................... id.

Bignonia, Juss. (Bignoniacées).
65 — argyræa violescens, Li .... Philippines.

Bischoffia, Blume (Zanthoxylées).
66 — Javanica...................... Java.

PATRIE.

Bixa, Lin. (Bixinées).
67 — orellana, Lin...................... Guyane.

Bœhmeria, Jacq. (Urticées).
68 — argentea........................ Mexique.

Bombax, Lin. (Sterculiacées).
69 — ceiba, Lin...................... Indes.

Bonapartea, Willd. (Amaryllidées).
70 — juncea, Willd................... Mexique.

. Botryodendron (Araliacées).
71 — macrophyllum, Rich............... Océanie.

Bougainvillea, Com. (Nyctaginées).
72 — fastuosa, Hrcq.................... Brésil.

Brachyglottis, Forst (Composées).
73 — repanda, Forst................... Nouvelle-Grenade.

Brexia, P. Thouars (Brexiacées).
74 — chrysophylla .... Amérique.
75 — Madagascariensis................. Madagascar.

Brosimum (Artocarpées).
76 — utile, Kunth.................... Caracas.

Brownea, Jacq. (Cæsalpiniées).
77 — grandiceps, Jacq .... Antilles.

Buddleia, Lin. (Scrophularinées).
78 — Madagascariensis, Lamk.......... Madagascar.

Cæsalpinia, Plum. (Cæsalpiniées).
79 — echinata, Lamk.................. Amérique méridle.

Calophyllum, Lin. (Clusiacées).
80 — limoneillo, Lind................ Nouvelle-Grenade.

Callitris, Vent. (Cupressinées).
81 — quadrivalvis, Rich.............. Barbarie.

Campylobotrys (Melastomacées).
82 — discolor, Ch. Lem.............. Mexique.
83 — regalis, Lind................... id.

Cannella, R. Br. (Clusiacées).
84 — alba, Murr.................... Amérique méridle.

Carapa, Aubl. (Meliacées).
85 — touloncouna, Perrotet........... Guinée.

Carica, Lin. (Papayacées).
86 — papaya, Lin.................... Brésil.

PATRIE.

Carludovica, R. et Pav. (Cyclanthées).
87 — palmata, R. et P.................... Pérou.

Carolinea, Lin., f. (Sterculiacées).
88 — insignis, Sw... .... Amérique méridle.
89 — princeps, Willd .... Cayenne.

Caryophyllus, Tour. (Myrtacées).
90 — aromaticus, Lin.................. Molluques.

Cascarilla (Cinchonacée).
91 — grandiflora, Lind................. Nouvelle-Grenade.

Cecropia, Lin. (Artocarpées).
92 — palmata, Lamk .... Amérique méridle.

Cedrela, Lin. (Cedrelées).
93 — odorata, Lin.................... Antilles.

Celastrus, Lin. (Celastrinées).
94 — edulis, Forst................... Arabie.

Centradenia, G. Don. (Melastomacées).
95 — floribunda, Planch.............. Guatémala.
96 — grandiflora, Schlecht........... Mexique.
97 — rosea, Lindl................... id.

Centropogon, Presl. (Lobeliacées).
98 — tovarensis, Pl. et Lind .... Vénézuela.

Cephælis, Swartz (Rubiacées).
99 — ipecacuanha, Rich.............. Brésil.

Cephalanthus, Lin. (Rubiacées).
100 — occidentalis, Lin.............. Antilles.

Cephalotus, Labill. (Saxifragées).
101 — follicularis, Labill .... Nouvelle-Hollande.

Ceratonia, Lin. (Cæsalpiniées).
102 — siliqua, Lin................. Afrique.

Cerbera, Lin. (Apocynées).
103 — manghas, Lin................ Indes.
104 — thevetia, Lin .... Antilles.

Cereus, Hav. (Cactées).
105 — Peruvianus monstruosus, Dc .... Pérou.

Ceropegia, Lin. (Asclépiadées).
106 — Gardnerii, Twaites............ Ceylan.

Chamæranthemum (Acanthacées).
107 — Beyrichi, Hort............... Brésil.
108 — reticulatum, Hort .... id.

PATRIE.

Cheirostemon, Humb. et B. (Sterculiacées).
109 — platonoides, H. et B.............. · Mexique.

Chiococca, R. Br. (Rubiacées).
110 — racemosa, Lin .... Antilles.

Chirita, Kunth (Cyrtandracées)
111 — sinensis, Lindl........... .;...... Chine.

Chrysobolanus, Lin. (Crysobolanées).
112 — icaco, Lin..................... Amérique méridle.

Chrysophyllum (Sapotées).
113 — caïnito, Lin.................. Antilles.
114 — macrophyllum, Mart.............. Philippines.

Cicca, Willd. (Euphorbiacées).
115 — disticha, Willd................. Antilles.

Cinchona, Lin. (Rubiacées).
116 — calisaya.....:............. Bogota.
117 — tucujensis. .... Amérique.

Cinnamomum, Bur. (Laurinées).
118 — Zeylanicum, Nées .... Ceylan.

Cissus, Lin. (Vinifères),
119 — Amazonica, Lind....·.......... Amazone.
120 — discolor, Bl.................... Java.

Clerodendron, Lin. (Verbénacées).
121 — fallax, Lindl.................... Java.
122 — Thomsonæ, Balf .... Vieux Calabar.
123 — — var., Balfourii............... id.

Clivia, Lindl. (Amaryllidées).
124 — nobilis, Lindl .... Java.
125 — rosea, Lindl..,............... Saint-Domingue.

Clusia, Lin. (Clusiacées).
126 — alba, Lin..................... Amérique méridle.
127 — flava, Lin..................... Jamaïque.

Coccocypselum, Sw. (Rubiacées).
128 — campanulæflorum, Lind .... Indes.
129 — metalicum, Lind................. Guyane.

Coccoloba, Jacq. (Polygonées).
130 — excoriata, Lin .... Antilles.
131 — Guatemalensis, Hort .... Guatémala.
132 — macrophylla, Desf .... Antilles.
133 — pubescens..,.................. id.
134 — uvifera, Lin .... id.

8.

PATRIE.

Cocculus, Dc. (Menispermées).
135 — suberosus, Decandolle............... Levant.

Coffea, Lin. (Rubiacées).
136 — Arabica, Lin .... Arabie.
137 — Mauritiana, Lin.................. Maurice.

Colea, Boy. (Bignoniacées).
138 — Commersonii, Dc................ Madagascar.
139 — floribunda, Boy................. id.

Coleus, Lour. (Labiées).
140 — Blumei, Benth .... Java.
141 — Malabaricus .... Malabar.
142 — scutellarioïdes, Benth............ Java.
143 — Verschaffeltii, Ch. Lem........... id.

Columnea, Plum. (Gesnériacées).
144 — schiedeana, Schl .... Mexique.

Condaminea, de Cand. (Rubiacées).
145 — macrophylla.................... Nouvelle-Grenade.

Conoclenium (Composées).
146 — atro rubens, Lem................. Mexique.
147 — macrophyllum, Dc............... Amérique méridl⁰
148 — Panamense .... Panama.

Copaïfera. Lin. (Cæsalpiniées).
149 — officinalis, Jacq .... Brésil.

Cordia, R. Br. (Cordiacées).
150 — sebestena, Lin .... Indes orientales.

Cossignya, Comm. (Sapindacées).
151 — Borbonica, de Candolle........... Bourbon.

Costus, Lin. (Zingibéracées).
152 — speciosus, Smith................ Indes orientales.

Couroupita, Aubl. (Lécythidées).
153 — Guyanensis, Aubl................ Guyane.

Crescentia, Lin. (Bignoniacées).
154 — cujete, Lin .... Antilles.
155 — regalis, Lind................... Chiapas.

Crinum, Lin. (Amaryllidées).
156 — amabile, Don .... Sumatra.
157 — giganteum, Andr................ Sierra-Leone.

PATRIE.

Croton, Lin. (Euphorbiacées).
158 — cascarilla, Lin..................... Mexique.
159 — discolor, Hortul................... Chine.
160 — elegans, Veitch .... Indes.
161 — pictum, Hort..................... Molluques.
162 — variegatum, Hortul .... id.

Curculigo, Gærtn (Hypoxydées).
163 — recurvata, Dryand............... Bengale.
164 — Sumatrana, Lodd................. Sumatra.

Cyanophyllum (Mélastomacées).
165 — Assamicum, Lind.............,... Assam.
166 — Javanicum, Lind .... Java.
167 — magnificum, Lind .... Mexique.

Cyclanthus, Poit. (Cyclanthées).
168 — bipartitus, Poit .... Guyane.

Cyperus, Lin. (Cypéracées).
169 — alternifolius varieg .... Madagascar.
170 — papyrus, Lin .... Syrie.

Detarium, Juss. (Cæsalpiniées).
171 — Senegalense, Geners.............. Sénégal.

Dichorisandra, Miq. (Commélinées).
172 — argenteo marginata, Lind.......... Amérique.
173 — mosaïca, Lind................. Pérou.
174 — ovata, Paxt.................... Brésil.
175 — pumila, Hort .... Amérique
176 — undata, Lind................... Pérou.

Dillenia, Lin. (Dilléniacées).
177 — speciosa, Thumb................ Malabar.

Dionæa, Ellis. (Droséracées).
178 — muscipula, Lin .... Caroline.

Dioscorea, Plum. (Dioscorées).
179 — anæctochilifolia .... Amérique.

Diospyros, Lin. (Ebénacées).
180 — ebenum, Lamk .... Indes.

Dorstenia, Plum. (Morées).
181 — caulescens, Lin .... Amérique.
182 — contra yerva, Lamk.............. Pérou.

Doryanthes, Cor. (Amaryllidées).
183 — excelsa, R. Br. .... Australie.

PATRIE.

Dracæna, Vand. (Liliacées).
184 — congesta, Hort..................... Amérique.
185 — Brasiliensis, Hort...... .... Brésil.
186 — draco, Lin........................ Indes.
187 — ferrea, Lin....................... Chine. —
188 — fragrans, Grol.................... Afrique tropicale.
189 — indivisa, Forst.................. Nouvelle-Zélande.
190 — terminalis, Jacq................. Indes.
191 — — latifolia pendula............... Philippines.
192 — stricta, Endl.................... Nouvelle-Zélande.
193 — umbraculifera, Jacq............... Asie tropicale.

Durio, Lin. (Sterculiacées).
194 — zibethinus, Lamk .... Indes.

Echites, R. Br. (Apocynées).
195 — longiflora, Desv................. Brésil.
196 — nutans, Anders.................. Saint-Vincent.
197 — peltata, Velloz .... Brésil.
198 — rubro venosa, Lind.............. Rio Negro.

Ehretia, Lin. (Borraginées).
199 — tinifolia, Lin................... Jamaïque.

Epiphyllum, Pfeiff. (Cactées).
200 — ruckerianum, Hortul............. Brésil.
201 — — rubrum, hybride .... id.
202 — — superbum, hybride........... id.
203 — Russellianum, Hort........... . id.
204 — truncatum, Pfr................. id.
205 — — aurantiacum, hybride......... id.
206 — — elegans, hybride............. id.
207 — — magnificum, hybride.... ..... id.
208 — — spectabile, hybride .... id.
209 — — tricolor, hybride........... id.
210 — — violaceum, hybride.......... id.

Eranthemum, R. Br. (Acanthacées).
211 — sanguinolentum, Hort............ Brésil.
212 — Cooperii, Hort................. Amérique.

Eriocnema, Naudin (Mélastomées).
213 — Marmorea, Ndn.............. ...... Brésil.

Eriodendron, Dec. (Bombacées).
214 — anfractuosum, Brow............. Java.

Erythrochiton, N. et M. (Diosmées).
215 — Brasiliense, Nées et Mart.......... Brésil.
216 — Lindeni, Pl..................... id.

PATRIE.

Erythroxylon, Lin. (Erythroxylées).
217 — coca, Lamk...................... Pérou.
218 — macrophyllum .... id.

Eugenia, Michel. (Myrtacées).
219 — jambosa, Lin .... Indes orientales.
220 — ternatifolia, Dec............... Nouvelle-Hollande.

Euphorbia, Lin. (Euphorbiacées).
221 — Jacquiniæflora, Hort.............. Mexique.
222 — splendens, B.................... Ile de France.

Euphoria, Lin. (Euphorbiacées).
223 — longana, Lamk................... Indes.

Exostemma, L. C. Rich. (Rubiacées).
224 — floribunda, Rœmer.............. Antilles.

Fagræa, Thumb. (Loganiacées).
225 — auriculata, Jack................ Syngapore.

Ficus, Tournef. (Morées).
226 — Amazonica .... Amazone.
227 — Bengalensis, Lin .... Bengale.
228 — Brasiliensis.................... Brésil.
229 — Chauvieri, Bar................. Amérique.
230 — elastica, R.................... Indes.
231 — grellei, Hort. Mosc .... Philippines.
232 — macrophylla, De f .... Australie.
233 — Neumannii, Cels................ Amérique méridle.

Ficus, Tournef. (Morées).
234 — nobile, Lind................... Philippines.
235 — nymphæfolia, Lin.............. Caracas.
336 — pseudo nymphæfolia............ id.
237 — religiosa, Lin .... Indes orientales.
238 — repens, Willd................. Chine.
239 — rubiginosa, Desf .... Nouvelle-Hollande.

Fittonia (Acanthacées).
240 — argyroneura, Cœm .... Para.

Flacourtia, L'Herit. (Bixacées).
241 — ramontchi, L'Herit .... Madagascar.

Forrestia (Commélynées).
242 — hispida, Less .... Java.

Fourcroya (Amaryllidées)
243 — gigantea, Vent................ Amérique méridle.

PATRIE.

Franciscea, Pohl. (Scrophularinées).
244 — americana, Swartz................. Antilles.
245 — eximia, Dnc .... Brésil.
246 — hopeana, Benth................. id.
247 — Jamaicensis. Bot. mag............. Jamaïque.
248 — latifolia, Benth................. Brésil.
249 — undulata, Andr................. Barbades.

Francoa, Cav. (Francoacées).
250 — appendiculata, Cav .... Chili.

Garcinia, Lin. (Clusiacées).
251 — Mangostana, Lin .... Indes.

Gardenia, Lin. (Rubiacées).
252 — citriodora, Hook................. Port-Natal.
253 — florida, Lin................... Indes.
254 — — variegata .... id.

Gastonia, Commers. (Araliacées).
255 — palmata, Dc .... Indes orientales.

Geissomeria, Lindl. (Acanthacées).
256 — longiflora, R. Br................. Brésil.
257 — Marmorea, Lind................. id.

Genipa, Plum. (Rubiacées).
258 — Americana, Lin................. Amérique méridⁱᵒ

Geoffræa, Jacq. (Papillonacées).
259 — racemosa, Poit.................

Gœthea, Nées et Mart. (Malvacées).
260 — cauliflora, Hort .... Brésil.

Gomphia, Schreb. (Ochnacées).
261 — Theophrasta, Lind .... Philippines.

Graptophyllum, Nées. (Acanthacées).
262 — hortense, Nées................. Indes orientales.

Guaïacum, Plum. (Zygophyllées).
263 — sanctum, Lin................. Antilles.

Guarea, Lin. (Meliacées).
264 — trichiloïdes, Lin................. Brésil.

Guillandinia, Juss. (Cæsalpiniées).
265 — bonduc, Lin................. Indes orientales.
266 — bonducella, Rumph............... Madagascar.

Gustavia, Lin. (Lecythidées).
267 — angusta, Lin................. Guyane.

PATRIE.

Gymnostachium (Acanthacées).
268 — Verschaffeltii, Ch. Lem............. Mexique.

Hæmatoxylon, Lin. (Cæsalpiniées).
269 — campechianum, Lin............... Antilles.

Hedychium, Kœn. (Zingibéracées).
270 — Gardnerianum, Wall.............. Indes.

Heliconia, Lin. (Musacées).
271 — angustifolia, B................. Brésil.
272 — metalica, Pl. et Lind............. Sierra-Névada.

Heritiera, Ait. (Sterculiacées).
273 — littoralis, Lamk................. Ceylan.
274 — macrophylla, Wall.............. Indes.

Hernandia, Plum. (Hernandiacées).
275 — ovigera, Lin.................... Orient.
276 — sonora, Willd................... Indes.

Heterocentrum (Mélastomacées).
277 — Mexicanum, Hook.............. Mexique.

Heteronoma, Mart. (Mélastomacées).
278 — lobelioides, Zucc................ id.

Hexacentris, Nées. (Acanthacées).
279 — coccinea, Nées .... Népaul.

Hexacentris, Nées. (Acanthacées).
280 — Mysorensis, Wight............. Mysore.

Hibiscus, Lin. (Malvacées).
281 — rosa sinensis, Lin .... Chine.
282 — cameroni, Knowl............... Madagascar.

Higginsia, Pers. (Mélastomacées).
283 — ghiesbreghtii, Lind............. Nouvelle-Grenade.
284 — refulgens, Pl.................. Mexique.

Hippomane, Lin. (Euphorbiacées).
285 — biglandulosa, Lin.............. Amérique mérid^le.
286 — mancinella, Lin............... Indes.

Hoya, R. Br. (Asclépiadées).
287 — bella, Hook.................... Java.
288 — carnosa, R. Br................. Asie.
289 — cinnamomæfolia, Hook......... Java.
290 — variegata, de Vr............... Japon.

Hura, Lin. (Euphorbiacées).
291 — crepitans, Lin................. Antilles.

PATRIE.

Hymenæa, Lin. (Cæsalpiniées).
292 — courbaril, Lin..................... Indes.

Imatophyllum, Hook (Amaryllidées).
293 — miniatum, Lin .... Port-Natal.

Inga, Plum. (Mimosées).
294 — anomala, Kunth............. ..... Brésil.
295 — ferruginea, Hort................. id.

Isotypus, H. B. K. (Synanthérées).
296 — rosæflorus, Triana................ Nouvelle-Grenade.

Ixora, Lin. (Rubiacées).
297 — alba, Lin..................... Indes orientales.
298 — Amboinica, Bl .... Amboine.
299 — barbata, Roxb .... Indes orientales.
300 — coccinea, Lin................. Ceylan.
301 — floribunda .... Amérique.
302 — Griffithi, Bot. Mag............. Siam.
303 — incarnata, Sweet............... Molluques.
304 — Javanica, Paxt. Mag............. Java.
305 — odorata, Hook .... Madagascar.
306 — salicifolia, Dc................. Java.

Jacaranda, Juss. (Begnoniacées).
307 — caroba, Mart................... Brésil.
308 — clausseniana, Casar............. id.
309 — mimosæfolia, Don .... id.

Jambosa, Rumph. (Myrtacées).
310 — vulgaris. Dc.................. Indes.
311 — malaccensis, Lin .... id.

Janipha (Euphorbiacées).
312 — manihot, Lin .... Amérique méridle.

Jasminium, Tour. (Jasminiées).
313 — sambac, Vahl .... Indes.

Jatropha, Lin. (Euphorbiacées).
314 — curcas, Lin................. Barbades.
315 — podagria, Hook.............. Nouvelle-Grenade.

Jonesia, Roxb. (Cæsalpiniées).
316 — azoca, Roxb................. Asie tropicale.

Kæmpferia, Lin. (Zingibéracées).
317 — galanga, Lin................. Indes.

Labatia, Mart. (Sapotées).
318 — macrocarpa .... Rio Négro.

PATRIE.

Lagetta, Juss. (Thymelées).
319 — lintearia, P. S .... Jamaïque.

Lantana, Lin. (Verbénacées).
320 — delicatissima.................... Amérique du sud.
321 — queen Victoria.................. Hybride.
322 — rosea, nana.................... id.
323 — Rougier Chauvière.............. id.
324 — solfatare .... id.

Lapageria, Ruiz et Pav. (Philésiées).
325 — alba, Gay .... Chili
326 — rosea, Ruiz et Pav.............. id.

Laportea (Urticées).
327 — crenulata, Hort .... Java.

Lasiandra, Dc. (Mélastomacées).
328 — fontanesiana, Dc................ Brésil.

Laurus, Tour. (Laurinées).
329 — camphora, Lin................... Japon.

Lecythis, Lœffl. (Lécythidées).
330 — ollaria, Lin.................... Guyane.

Leea, Lin. (Vinifères).
331 — sambucina, Willd .... Calcutta.

Libonia, Koch. (Acanthacées).
332 — floribunda, Koch .... Brésil.

Lucuma, Molin. (Sapotées).
333 — cainito......................... Rio Négro.
334 — caniste......................... Tabasco.
335 — deliciosa, Lindl .... Nouvelle-Grénade.

Mammea, Lin. (Clusiacées).
336 — americana, Lin.................. Saint-Domingue.

Manettia, Mutis (Rubiacées).
337 — bicolor, Paxt .... Brésil.
338 — miniata, Ch. Lem .... id.

Mangifera, Lin. (Anacardiacées).
339 — indica, Lin .... Malabar.
340 — pinnata, Lin.................... Madagascar.

Mappa (Euphorbiacées).
341 — chantiniana .... Amérique.
342 — fastuosa, Lind .... Philippines.

Marica, Schreb. (Iridées).
343 — northiana, Ker................. Brésil.

9

PATRIE.

Medinilla, Gand. (Mélastomacées).
344 — farinosa.................... .... Amérique.
345 — erytrophæa, Lindl................ Indes orientales.
346 — magnifica, Lindl................. Java.
347 — Sieboldi, Planch .... Molluques.
348 — speciosa, Bl .... Java.

Melastoma, Burn. (Mélastomacées).
349 — Malabarica, Lin................. Indes.
350 — saxatile, Ait................... Brésil.

Methonica, Herm. (Liliacées).
351 — superba, H. P.................. Malabar.

Meyenia, Nées. (Acanthacées).
352 — erecta, Benth.................. Guinée.
353 — Vogeliana, Benth............... . Cap.

Mikania, Willd. (Composées).
354 — speciosa, H. et B............... Nouvelle-Grenade.

Mimosa, Adans (Mimosées).
355 — pudica, Lin.................... Antilles.

Mimusops, Lin. (Sapotées).
356 — balata, Gærtn.................. Guyane.

Monochœtum, Dc. (Mélastomacées).
357 — Humboldianum, Kumth........... Caracas.
358 — Naudinianum, L. Nmn........... Mexique.

Morinda, Vail. (Rubiacées).
359 — citrifolia, Lin.................. Indes.

Murraya, Kœen. (Orangers).
360 — exotica, Lin.................. Chine.

Musa, Tournef. (Musacées).
361 — coccinea, Andr................. Chine.
362 — ensete, Bruce................. Abyssinie.
363 — paradisiaca, Lin............... Indes.
364 — rosacea, Jacq................. Ile de France.
365 — sapida, Hortul................ Indes.
366 — sapientum, Lin................ Indes.
367 — sinensis, Swet................ Chine.
368 — textilis, Perrotet .... Manille.
369 — vittata, W. Akm.............. Afrique occidentale.

Myrcia, Dc. (Myrtacées).
370 — pimentoïdes .... Antilles.

Myristica, Lin. (Myristicées).
371   moscata, Thumb................ Molluques.

Myroxylon, Nutt. (Légumineuscs).
372 — Peireira, Lin.................. Nouvelle-Grenade.

Napoleona, Pal. B. (Napoléonées).
373 — Heudelotii, Juss.............. Sierra-Leone.
374 — Whictfieldii, Lindl............ Afrique.

Nicotiana, Lin. (Solanées).
375 — Wigandioïdes, Hort............ Mexique.

Octomeria, R. Br. (Mélastomacécs).
376 — macrodon, Ndn............... Pérou.

Otacanthus (Acanthacées).
377 — cœruleus, Lindl............... Brésil.

Pachira, Aubl. (Sterculiacées).
378 — alba, Aubl.................. Brésil.

Panax, Lin. (Araliacécs).
379 — fruticosa, Lin............... Java.

Panicum, B. P. (Graminées).
380 — plicatum, Lamk.... .... Indes orientales.
381 —   — niveo vittatum, Makoy........ id.

Parinarium, Aubl. (Chrysobolanées).
382 — excelsum, J. Sabine.......... Sénégal.

Passiflora, Juss. (Passiflorées).
383 — amabilis, Ch. Lem............ Brésil.
384 — Brasiliana, Desv.............. id.
385 — kermesina, Link et O......... id.
386 — laurifolia, Lin............... Haïti.
387 — quadrangularis, Lin.......... Antilles.
388 — racemosa, Brot.............. Brésil.
389 — sangunea, Smith............. id.
390 — serratifolia, Lin............. Surinam.

Peireskia, Plum. (Cactées).
391 — aculeata, Plum.............. Barbades.

Peperomia, R. et Pav. (Pipéracées).
392 — argyræa................... Antilles.
393 — maculosa, Hook............. id.

Persea, Gærtn. (Laurinées).
394 — gratissima, Gærtn........... Antilles.

PATRIE.

Petiveria, Lin. (Phytolaccacées).
395 — alliacea, Lin .... Brésil.

Pharus, Willd. (Graminées).
396 — vittatus, Ch. Lem................. Guatémala.

Phormium, Forst. (Liliacées).
397 — tenax variegata, Veitch.............. Nouvelle-Zélande.

Phyllagathis (Melastomacées).
398 — rotundifolia, Bot. Mag .... Sumatra.

Phyllanthus, Sw. (Euphorbiacées).
399 — mimosoïdes, Swartz............... Indes.

Phyllartron, Dc. (Bignoniacées).
400 — bojerrianum, Dc.................. Madagascar.

Pincenectitia, Hort. (Asparaginées).
401 — glauca. Hort .... Mexique.

Piper, Lin. (Piperacées).
402 — betel, Lin...................... Malais.
403 — cubeba, Lin .... Indes.
404 — porphyrophyllus, Lindl............. Amérique.

Plumbago, Tour. (Plumbaginées).
405 — coccinea, Bois.................... Indes.

Plumiera, Lin. (Apocynées).
406 — alba, Lin....................... Antilles.
407 — rubra, Lin...................... id.

Pogostemon, Desf. (Labiées).
408 — patchouli, Endl .... Indes.

Poinsettia, Grah. (Euphorbiacées).
409 — pulcherrima, Bot. Mag............ Mexique.

Psidium, Lin. (Myrtacées).
410 — cattleyanum, Lindl............... Chine.
411 — pyriferum, Lin................... Indes.
412 — pomiferum, Lin.................. id.

Psychotria, Lin. (Rubiacées).
413 — leucocephala, Brong.............. Rio-Janeiro.

Pterospermum, Schr. (Buttnériacées).
414 — acerifolium, W.................. Indes orientales.

Puizeysia, P. et L. (Hippocastanées).
415 — rosea, Pl. et Lind............... Nouvelle-Grenade.

Quassia, Rin. (Simarubées).
416 — amara, Lin..................... Antilles.

PATRIE.

Quisqualis, Rumph. (Combrétacées).
417 — indica, Lin .... **Indes.**

Ravenala, Adans. (Musacées).
418 — Madagascariensis, Juss........... **Madagascar.**

Rhopala, Aubl. (Proteacées).
419 — aurea, Lind..................... **Brésil.**
420 — corcovadensis.................. **id.**
421 — Yonghi .... **id.**

Rhynchospermum, Ldl. (Apocynées).
422 — jasminoïdes, Lindl............... **Chine.**

Rogiera, Planch. (Rubiacées).
423 — cordata, Planch............... **Guatémala.**
424 — gratissima, Pl. et Lind........... **Chiapas.**
425 — latifolia, Dnc................... **Guatémala.**

Rondeletia, Plum. (Rubiacées).
426 — speciosa, Paxt .... **Havane.**
427 —   — major.................... **id.**

Rottlera, Roxb. (Euphorbiacées).
428 — tinctoria, Roxb................. **Indes orientales.**

Saccharum, Lin. (Graminées).
429 — officinarum, Lin................ **Indes.**
430 — violaceum, Tussac.............. **Taïti.**

Sapindus, Lin. (Sapindacées).
431 — saponaria, Lin................. **Indes.**
432 — Senegalensis, Combess........... **Sénégal.**

Sapota, Plum. (Sapotées).
433 — Mulleri, Bl.................... **Guyane.**

Saurauja, Willd. (Ternstrœmiacées).
434 — Assamica, Lind .... **Assam.**
435 — excelsa. Willd .... **Caracas.**
436 — Nepalensis, Dec.............. **Népaul.**

Sciadophyllum, Brown. (Araliacées).
437 — fariniferum, Bl................ **Nouvelle-Grenade.**
438 — pulchrum .... **Amérique.**

Sipanea, Aubl. (Rubiacées).
439 — carnea, Ad. Brong............ **Cayenne.**

Siphonia.
440 — elastica, Pers............... **Guyane.**

Smilax, Tournef. (Liliacées).
441 — salseparilla, Lin.............. **Indes.**

PÂTRIE.

Solandra, Swartz (Solanées).
442 — grandiflora, Sw .... Antilles.

Solanum, Lin. (Solanées).
443 — capsicastrum, Lamk .... Brésil.
444 — — varieg. Hyb.................. id.
445 — hypoleucum, Lind .... id.
446 — vellozianum, Dun................. id.

Sonerilla (Mélastomacées).
447 — margaritacea, Lindl.... .... Indes

Sparmannia, Thunb. (Tiliacées).
448 — Africana, Lin .... Afrique.

Sphærogyne (Mélastomacées).
449 — cinnamomea, Lind .... Costa-Rica.

Sphærostemma, Bl. (Schizandrées).
450 — marmorata, Hort .... Bornéo.

Spondias, Lin. (Anacardiacées).
451 — mombin, Lin.................... Jamaïque.

Stalagmites, Murr. (Clusiacées).
452 — pictorius, G. Don................. Indes orientales.

Stephanotis, P. Th. (Asclépiadées).
453 — floribunda, Brag... .... Madagascar.

Sterculia, Lin. (Sterculiacées).
454 — acuminata, Beauv................. Sénégambie.
455 — fœtida, Lin...................... Molluques.
456 — nobilis, Smith................... Indes.
457 — Mexicana, Kunth .... Mexique.

Stifftia, Mik. (Composées).
458 — chrysantha, Miq.................. Brésil.

Stillingia, Lin. f. (Euphorbiacées).
459 — sebifera, Willd.................. Indes.

Strelitzia, Banks. (Musacées).
460 — angusta, T...................... Cap.
461 — juncea, H...................... id.
462 — reginæ, H. Kew .... id.
463 — spathulata, Hort ....

Streptocarpus, Ldl. (Cyrtandracées).
464 — rexii, Lindl..................... Afrique.
465 — Sandersi, Hook .... Port-Natal.

Strychnos, Lin. (Apocynées).
466 — nux vomica, Lin................. Indes.

PATRIE.

Swietenia, Lin. (Cédrélées).
467 — Mahogony, Lin.................... Antilles.

Tabernæmontana, Lin. (Apocynées).
468 — coronaria, H. Kew............... Indes.

Tacsonia, Juss. (Passiflorées).
469 — mollissima, Humb. et B........... Pérou.
470 — Van Volxemii, Ch. Lem .... Bogota.

Tamarindus, Lin. (Cæsalpiniées).
471 — Indica, Lin................... Indes.

Tamus, Lin. (Dioscorées).
472 — elephantipes, L'Hérit............. Cap.

Tanghinia, P. Th. (Apocynées).
473 — venenifera, Poir .... Madagascar.

Tasmannia, R. Br. (Magnoliacées).
474 — aromatica, R. Br................ Nouvelle-Hollande.

Tectona, Juss. (Bignoniacées).
475 — grandis, Lin.................... Indes

Telecanthera, R. Br. (Amarantacées).
476 — versicolor, Ch. Lem............. Amérique.

Terminalia, Lin. (Combretacées).
477 — angustifolia, Jacq............... Ile de la Réunion.
478 — catappa, Jacq .... Indes.

Thea, Lin. (Ternstræmiacées).
479 — viridis, Lin.................... Chine.

Theobroma, Lin. (Buttneriacées).
480 — cacao, Lin..................... Amérique mérid^le.

Theophrasta, Juss. (Théophrastées).
481 — Imperialis, Hortul.............. Brésil.
482 — Jussieui, Lindl................. Saint-Domingue.
483 — longifolia, Jacq................ Guyane.

Thunbergia, Lin. (Acanthacées).
484 — laurifolia, Lindl .... Asie mineure.

Torenia, Lin. (Scrophularinées).
485 — asiatica, Lin................... Asie.

Trachelium, Lin. (Campanulacées).
486 — cœruleum, Lin.................. Alger.

Tradescantia, Lin. (Commélynées).
487 — discolor, L'Herit .... Amérique mérid^le.
488 — Wallichiana, Hort.............. Amérique.
489 — zebrina, Hort................. Brésil.
490 — Warcewieziana, Kunth.......... Guatémala.

PATRIE.

Urostigma, Gasp. (Artocarpées).
491 — catalpæfolia, Lind .... Amérique.

Vanilla, Swartz. (Orchidées).
492 — aromatica, Sw .... Amériquê méridᵉ.

Victoria, Lindl. (Nymphæacées).
493 — regia, Lindl .... Amérique méridᵉ.

Wigandia, Kunth. (Hydroleacées).
494 — caracasana, Hort .... id.
495 — Vigieri, Bar .... Mexique.

Xantochymus, Roxb. (Clusiacées).
496 — tinctorius, Roxb .... Indes.
497 — ovalifolius, G. Don .... Indes orientales.

Xylophylla, Lin. (Euphorbiacés).
498 — angustifolia, Pers .... Jamaïque.
499 — falcata, Lin .... Amérique méridᵉ.
500 — latifolia, Lin .... Amérique tropicale.
501 — montana, Sw .... Jamaïque.
502 — speciosa, Jacq .... id.

Zygophyllum, Lin. (Zygophyllées).
503 — arboreum, Lin .... Amérique méridᵉ.

TABLE DES MATIÈRES.

CHAPITRE II.
EXPOSÉ DES PRINCIPES QU'IL CONVIENT D'APPLIQUER A LA CULTURE EN SERRE CHAUDE ET TEMPÉRÉE.

REVUE DES PLANTES D'AGRÉMENT

QU'IL CONVIENT DE CULTIVER EN SERRE CHAUDE ET TEMPÉRÉE.